GENÈSE

DE

LA MATIÈRE

ET DE

L'ÉNERGIE

FORMATION ET FIN D'UN MONDE

PAR

A. DESPAUX
Ingénieur des Arts et Manufactures

PARIS
ANCIENNE LIBRAIRIE GERMER BAILLIÈRE ET Cie
FÉLIX ALCAN, ÉDITEUR
108, BOULEVARD SAINT-GERMAIN, 108

1900

GENÈSE

DE LA MATIÈRE ET DE L'ÉNERGIE

FORMATION ET FIN D'UN MONDE

GENÈSE

DE

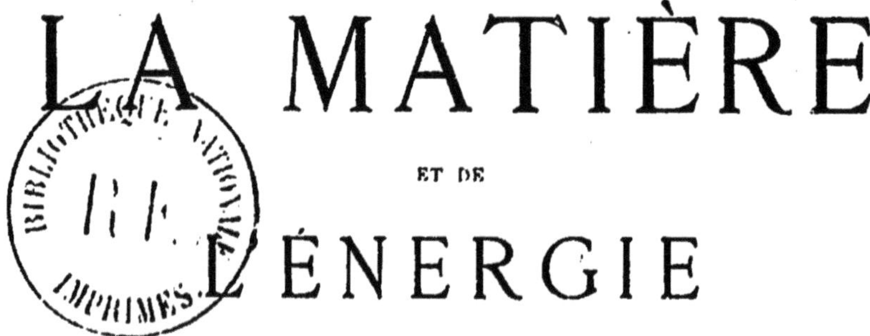

LA MATIÈRE

ET DE

L'ÉNERGIE

FORMATION ET FIN D'UN MONDE

PAR

A. DESPAUX

Ingénieur des Arts et Manufactures

PARIS

ANCIENNE LIBRAIRIE GERMER BAILLIÈRE ET Cie

FÉLIX ALCAN, ÉDITEUR

108, BOULEVARD SAINT-GERMAIN, 108

1900

GENÈSE

DE LA

MATIÈRE & DE L'ÉNERGIE

FORMATION ET FIN D'UN MONDE

INTRODUCTION

Dans son ouvrage sur l'*Origine du Monde* paru en 1896, un des savants les plus distingués de notre époque, M. Faye, écrit les lignes suivantes : « Les » matériaux premiers de ce monde ont donc fait par- » tie, au commencement, d'un chaos universel dont » ils se sont ensuite séparés et isolés peu à peu en » vertu de mouvements antérieurement imprimés à » toute cette matière. »

Et envisageant la destinée future de notre système, M. Faye termine ainsi : « Quant au système solaire lui-

» même, les planètes obscures et froides continue» ront à circuler autour du soleil éteint; sauf ces » mouvements, représentants derniers du tourbillon» nement primitif de la nébuleuse, que rien ne saurait » effacer, notre monde aura dépensé toute l'énergie » de position que la main de Dieu avait accumulée » dans le chaos primitif. »

Tel serait donc l'état de la science tracé par un des savants les plus autorisés de notre époque. Au commencement un chaos, puis une volonté supérieure créant tous les mondes, et ceux-ci, leur évolution terminée, roulant éternellement dans l'espace leurs inutiles cadavres.

Tout comme pour les corps vivants, les mondes ne doivent mourir que pour renaître, et les éléments qui les composent doivent se dissocier pour rentrer dans de nouveaux cycles ; le temps et l'espace sont éternels, le mouvement et la vie doivent l'être aussi. C'était l'opinion des stoïciens qui croyaient à une conflagration périodique du monde, avec retour du même cours des choses; ainsi pense Spencer, pour qui l'univers passe alternativement par des périodes d'intégration et de désagrégation universelles.

Tout est donc encore à reprendre dans le problème de l'origine et de la fin des mondes, et c'est à sa solution que doit se consacrer la science ; les éléments recueillis jusqu'à ce jour lui permettent tout au moins d'aborder la question, et c'est le but que nous nous sommes fixés en nous livrant à cette étude.

Les principes qui régissent la matière sont sans doute fort simples, peut-être même se réduisent-ils à un seul, et c'est à cette unité d'explication que nous devons tendre. Ici nous avons un écueil à éviter : nous souvenant du précepte de Newton, « *Physique* » *garde-toi de la métaphysique* », nous nous abstiendrons de toute incursion dans le domaine de la philosophie, n'ayant pas d'ailleurs l'ambition de résoudre les problèmes premiers que se pose l'esprit humain.

C'est donc à la science que nous demanderons de nous conduire, et, nous appuyant sur les faits acquis, nous chercherons s'il n'est pas possible de ramener à une commune origine les grandes forces qui agitent les mondes : pesanteur, chaleur, électricité, etc., et de remonter même jusqu'à la genèse de notre système solaire.

Nous venons de prononcer le mot de force, mais nous ne l'employons ici que comme terme du langage courant, car la science moderne tend de plus en plus, et à juste titre, à lui substituer le mot d'énergie; force et matière ne sont plus les facteurs primordiaux de la formation et de l'existence des mondes ; la matière n'est pas inerte, elle est vivante, tout vibre, s'agite, se meut, il n'est pas un atome qui ne soit en mouvement, et de façons diverses et simultanées : vibrations calorifiques, lumineuses, électriques, etc. La nature ne connaît pas le repos comme elle ne connaît pas la mort ; la vie universelle, le mouvement indestructible telle est sa loi.

La matière en mouvement engendre les énergies. Donnez-moi de l'étendue et du mouvement, disait déjà Descartes, et je construirai le monde, et il construisit en effet son système des tourbillons.

Nous chercherons donc à démontrer, et nous y parviendrons je l'espère sans trop de difficultés, que la matière seule à l'état d'extrême diffusion, ou plutôt l'éther impondérable, suffit à expliquer et la matière proprement dite, c'est-à-dire douée de pesanteur, et l'énergie sous toutes ses formes. Pour nous, en effet, c'est par l'attraction que la matière devient pesante, c'est l'attraction qui lui donne une masse, et nous dirions volontiers, la *masse* c'est l'attraction elle-même ; nous nous en expliquerons d'ailleurs plus loin.

Notre étude comprendra trois parties : après un résumé historique très succinct, nous traiterons de la matière et de sa constitution ; puis, dans une seconde partie, nous étudierons les diverses formes de l'énergie et de ses transmissions par les divers milieux solides, liquides, gazeux, éther, ce dernier encore inconnu, mais que philosophes et physiciens s'accordent à déclarer indispensable ; et comme l'éther est, selon nous, l'agent des énergies moléculaires qui sont les vrais facteurs du monde, nous nous appesantirons de préférence sur l'éther et sur les énergies dont sont le siège les molécules.

La dernière partie de notre étude aura trait à la formation d'un monde solaire. Les cosmogonies les plus osées sont parties d'une nébuleuse primitive ;

nous remonterons, nous, à l'état absolument élémentaire, l'éther, en exposant comment ce dernier a pu acquérir la faculté de l'attraction.

A partir de la nébuleuse, nous adopterons le système de Laplace qui, malgré l'ingéniosité de plusieurs systèmes ultérieurs et les critiques dont il a été l'objet, me paraît rester debout. Les mouvements de rotation rétrogrades des deux planètes supérieures, qui ont motivé le système de Faye et le rejet par quelques-uns de celui de Laplace, paraissent en effet d'une explication facile, comme il sera développé plus loin.

Laplace, en décrivant la genèse de notre système solaire, s'est arrêté à l'organisation actuelle de notre monde. Bien plus, il a démontré que ce monde était ordonné pour durer éternellement, cette désolante perspective de globes continuant à rouler, refroidis, sans espoir de résurrection, n'est heureusement pas à l'abri de toute discussion, et, en poursuivant les conséquences de notre hypothèse, nous établirons que notre système solaire, lorsqu'il sera mort et glacé, devra retourner au néant, tout comme un corps vivant, et par néant, nous entendons ici non le vide absolu, mais l'état primitif de la matière, l'éther emplissant l'espace.

L'ASTRONOMIE

AVANT LE DIX-NEUVIÈME SIÈCLE

Avant Copernic

Nous connaissons peu de chose des époques antérieures à l'Ecriture. Nous savons seulement que les Chaldéens possédaient quelques notions astronomiques dues à l'observation, et qu'ils avaient notamment découvert une période de 18 ans 11 jours qu'ils dénommaient *Saros*, au bout de laquelle les éclipses se reproduisaient dans le même ordre. Nous savons aussi que les Egyptiens savaient calculer ces éclipses et que c'est d'eux sans doute que Thalès et Anaxagore en tenaient la connaissance.

C'est seulement à partir de la civilisation grecque que nous possédons quelques données précises. Pythagore exposait déjà à ses disciples, au ve siècle avant notre ère, que la terre tournait sur elle-même et autour du soleil; mais pour éviter tout reproche d'athéisme, il se bornait à enseigner en public la rotondité de la terre. Pythagore n'a rien écrit pour exposer ses idées, d'ailleurs purement intuitives.

Un siècle plus tard, Platon reproduit les mêmes vues, après lui Aristote, qui paraît ignorer les enseignements de ses deux prédécesseurs, admet seulement la rotondité de la terre, mais lui refuse tout mouvement. Dès lors la philosophie grecque ne soulèvera plus ces questions, le christianisme viendra même plus tard, qui, sous peine d'hérésie, proscrira toute idée en dehors de la Genèse et des livres saints.

Déjà vers 130 avant notre ère, Ptolémée avait fixé la cosmogonie officielle; la terre au centre de tout, autour d'elle sept ciels de cristal portant chacun une planète, la lune et le soleil, et à travers lesquels on pouvait apercevoir les étoiles fixées sur le septième ciel ou Empyrée. En 529 enfin, Justinien ferme les écoles de philosophie et porte le dernier coup au libre exercice de la pensée. A partir de ce moment la nuit devient complète, la scolastique domine et étouffe tout et on ne discute plus que des questions bysantines de nomonalisme et de réalisme.

Seuls les savants Arabes continuent à étudier les sciences; ceux de Cordoue apportent en Europe, au commencement du XIIIe siècle, les traductions d'Aristote par Avicenne et Averroès; mais ces origines les rendent suspectes, et par quatre fois l'Eglise condamne la doctrine d'Aristote; à la fin du siècle cependant, elle se décide à l'adopter et même d'une façon si jalouse qu'elle défend désormais de la contredire.

Mais la Renaissance approche, avec Gutenberg et Christophe Colomb une nouvelle ère va s'ouvrir; déjà les Grecs, poussés par l'islamisme, et malgré la tolérance des vainqueurs, quittent Constantinople et portent en Italie, cette grande Grèce presque leur ancienne patrie, les écrits de Platon, ramenant la civilisation grecque au contact du monde occidental endormi; d'autre part, Christophe Colomb va ouvrir des horizons nouveaux, et c'est désormais vers l'Occident que le mouvement de la civilisation va se porter.

Les idées cosmogoniques, qui sont comme la synthèse de l'état de civilisation des peuples, vont se ressentir les premières du mouvement intellectuel; les excentriques et épicycles successivement imaginées pour expliquer les mouvements des corps célestes, et dont le nombre n'est pas moindre de 79 au XVIe siècle, n'apportent que complication et confusion. La sérénité des cieux est ébranlée, Copernic va en briser le cristal.

De Copernic à Newton

C'est la période des grands fondateurs, Copernic, Képler, Galilée. Encouragé, dit-on, par le pape Paul III, Copernic exposa son système dans son célèbre ouvrage : *de Revolutionibus orbium celestium*, imprimé à Nuremberg en 1543, quelques jours avant sa mort. Reprenant Pythagore et Platon, mais avec des vues et un esprit scientifiques, Copernic établissait le système qui a prévalu depuis et qui fait du soleil le centre du monde planétaire. Il montrait de plus une idée nette de la gravitation, lorsqu'il écrivait que « *la gravité est une attraction universelle qui fait » de chaque corps céleste un centre agissant sur le » reste de l'univers* ».

Tycho-Brahé voulant concilier les exigences de la science avec celle de l'Écriture, tenta un compromis : il replaça la terre au centre, et fit tourner autour d'elle le soleil avec le cortège des autres planètes, mais ce fut en vain, l'antiquité avait vécu.

Le système de Copernic ne fut pas accepté sans résistance ; l'Eglise le représente comme une atteinte aux livres saints et condamne ses partisans. Les chercheurs cependant se multiplient ; en 1609, Képler fait paraître, au milieu des agitations, son ouvrage immortel : *Astronomia nova seu physica celestis tradita, commentariis de motibus stellæ martis*, où il expose ses lois, il recherche aussi celles de la gravitation, mais il se trompe dans ses calculs en faisant varier l'attraction proportionnellement aux distances, laissant ainsi à Newton la gloire de cette découverte.

Pendant ce temps, en Italie, Galilée est cité (1610) par devant le Saint-Office pour avoir adopté les idées de Copernic, et ses juges prononcent que « soutenir » que le soleil est placé immobile au centre du monde » est une opinion absurde, fausse en philosophie et » formellement hérétique, parce qu'elle est expressé- » ment contraire aux Écritures......; soutenir que la » terre n'est point placée au centre, qu'elle n'est » point immobile et qu'elle a même un mouvement » de rotation est aussi une proposition absurde, » fausse en philosophie et non moins erronée dans » la foi ».

Galilée acquiesce et retourne à Florence, mais en 1632 ayant soutenu à nouveau ses idées dans un écrit, il est rappelé à Rome où il abjure à genoux son erreur, et la légende ajoute qu'il aurait dit en se relevant, mais fort bas sans doute : *E pur si muove !*

Au moment de la condamnation de Galilée, Descartes, ardent copernicien, se trouvait en Hollande en train d'écrire son *Traité du Monde* ; pour éviter la redoutable accusation d'hérésie, il interrompit son ouvrage qui ne parut qu'après sa mort, en 1677. A la fin du XVIIe siècle, la Sorbonne enseignait encore le système de Copernic comme une hypothèse commode mais fausse.

C'est dans son traité *Le Monde*, que Descartes a exposé son système des tourbillons ; l'espace est rempli d'une matière continue, sans vides par conséquent ; à l'origine Dieu imprima un mouvement rotatoire à une partie de cette matière, c'est la fameuse chiquenaude initiale de Pascal, les parties les plus grossières de la matière formèrent les planètes et comètes, les plus légères le soleil.

Les savants contemporains de Descartes, Fermat, Leibnitz, Bernouilli, Huyghens adoptèrent à l'envi le système des tourbillons.

De Newton à Laplace

Dans ses immortels travaux, Képler s'arrêta au seuil de la loi générale qui régit les mondes; c'est Newton qui démontre en effet que tous les mouvements célestes sont dus à un seul principe, la *gravitation universelle*, et cette découverte est le point de départ d'une nouvelle ère de l'astronomie. Newton invente même, pour les besoins de ses calculs, la méthode des fluxions onze ans avant que Leibnitz eut créé son calcul infinitésimal; ces deux méthodes fondées sur le même principe furent la cause d'une célèbre polémique entre ces deux savants.

Faute d'une mesure précise du diamètre de la terre, Newton faillit ne pas aboutir; croyant s'être trompé il abandonna ses calculs et ne les reprit, cette fois avec un plein succès, qu'en 1680, lorsque Picard eut établi cette mesure d'une façon exacte. Newton exposa sa découverte dans son ouvrage des *Principes*, qui fut accueilli dans le monde avec enthousiasme; il continuait à attribuer d'ailleurs l'ordre et le mouvement des planètes à une puissance surnaturelle, de même que, ne pouvant comprendre les perturbations de ces dernières, il estimait que la divinité devait de temps à autre intervenir pour tout remettre en place. « *Un destin aveugle,* dit-il, ne pourrait jamais faire » mouvoir ainsi toute les planètes à quelques inégalités » près à peine remarquables qui peuvent provenir de » l'action mutuelle des planètes et des comètes, et qui » probablement deviendront plus grandes par une lon- » gue suite de temps, jusqu'à ce qu'enfin ce système » ait besoin d'être remis en ordre *par son auteur.* »

Leibnitz trouve, à propos de cette intervention périodique de la divinité, que Newton se fait une idée bien étroite de la sagesse et de la puissance de Dieu. Euler n'admettait pas d'ailleurs davantage que le système solaire put durer éternellement. Ce fut Laplace qui, en 1773, en démontra la stabilité, et après lui Lagrange et Poisson.

Nous arrivons enfin au dernier système, celui de la nébuleuse imaginée le premier par Kant et exposée dans son *Histoire naturelle du ciel* en 1754 : Kant explique la formation solaire par des causes purement mécaniques ; a l'origine une nébuleuse dont les parties les plus denses tendent vers un point d'attraction prépondérante qui est le soleil. La chute des molécules se produisant avec une certaine inclinaison, occasionne une poussée latérale qui imprime à la nébuleuse un mouvement de rotation. Mais vers l'équateur, dans le plan de plus grande rotation, certains points se trouvant avoir des vitesses en raison inverse du carré des distances, ces points deviennent les centres d'agglomération des futures planètes.

Les satellites se sont constitués de même par rapport aux planètes. Nous ne parlons bien entendu ici que de l'idée générale, car d'après le système de Kant, toutes les rotations de satellites devraient être rétrogrades, au lieu d'être directes.

A la même époque, Buffon expliquait la formation des planètes et de leurs satellites par le choc d'une comète, qui, tombant sur le soleil, en aurait détaché un torrent de matière qui se serait réuni au loin en divers globes plus ou moins considérables et plus ou moins éloignés de cet astre. Les rotations ici seraient bien expliquées, mais outre que nous savons que les comètes sont incapables de pareils effets, l'analyse démontre qu'à chaque révolution, les planètes dont les orbites seraient très excentriques devraient repasser tout près du soleil.

Enfin, à la fin du XVIIIe siècle (1796), Laplace expose son système de nébuleuse, sans avoir eu connaissance de la cosmogonie de Kant, qui fut peu remarquée en son temps. Le système de Laplace est encore adopté aujourd'hui, bien que certains mouvements rétrogrades de planètes l'aient fait battre en brèche par des savants considérables, parmi lesquels M. Faye. Nous exposerons plus loin et le système et les objections, et nous tenterons d'expliquer les mouvements de rotation rétrogrades, qui nous paraissent rentrer parfaitement dans la théorie de Laplace.

Remarquons seulement, pour l'instant, que Laplace part d'une nébuleuse extrêmement diffuse, pourvue d'une température très élevée et douée d'une rotation antérieure, sans qu'il explique le pourquoi ni de l'un ni de l'autre. Or, Hemholtz et Thomson ont prouvé, en utilisant les travaux relativement modernes sur la théorie mécanique de la chaleur, que la haute température solaire est le résultat de la condensation de la nébuleuse elle-même. Mais du temps de Laplace et de Poisson, on ne pouvait prévoir ce résultat ; c'est ainsi que tous les jours la science s'enrichit, et tels phénomènes qui encore aujourd'hui nous paraissent inexplicables, seront peut-être expliqués demain de la façon la plus simple.

PREMIÈRE PARTIE

PREMIÈRE PARTIE

MATIÈRE

Constitution atomique de la matière

Le problème de la constitution de la matière s'est de tout temps posé aux philosophes et aux savants.

On sait que les corps se présentent sous trois états : solide, liquide, gazeux. Boutigny a proposé d'en créer un quatrième : l'état « sphéroïdal », et Crookes a proposé l'état « radiant » qui n'est autre que l'état gazeux très raréfié. Ce savant prétend, en effet, que sous cet état la matière se rapproche le plus de l'état initial qui ne serait autre que l'éther ; mais nous reviendrons plus loin sur l'éther et sur l'état radiant.

Ici nous considérerons surtout la matière à son état solide, là où elle est le plus accessible à nos sens et par suite le mieux connue de nous. Tout le monde sait qu'un corps solide peut se subdiviser en particules très petites qui n'ont d'autre limite que la délicatesse des instruments dont nous disposons et la portée de nos propres organes. C'est ainsi, par exemple, que l'on fabrique industriellement des feuilles d'or de un dix millième de millimètre d'épaisseur; les bulles de savon n'éclatent qu'à un cent millième, et si ces corps peuvent être encore distingués par l'œil, c'est à cause de leur surface.

Le microscope nous révèle des infusoires de un millième de millimètre de diamètre, pourvus de cils vibratiles, et un grain de musc parfume une chambre pendant des années sans perdre de son poids d'une façon appréciable.

Quelle est donc la dimension de l'élément primordial de la matière? Les philosophes grecs, qui se passionnaient pour tout ce qui touche à la connaissance du monde et la nature des choses, se divisèrent; une école prétendit que la matière est divisible à l'infini et que partant le vide n'existe pas, ce qui est la vraie conception philosophique, bien que l'esprit ait peine à la comprendre comme tout ce qui touche à l'infini; telle était au VIe siècle avant notre ère la doctrine de l'école d'Eléo, adoptée par Anaxagore et Aristote.

L'école d'Ionie, au contraire, affirmait que la matière était composée d'atomes indivisibles; elle admettait par suite l'existence du vide qui doit les séparer; il y eut même au Ve siècle avant J.-C., une secte dite atomistique dont le représentant le plus connu était Démocrite, et qui eut Epicure et Lucrèce pour continuateurs ; Epicure prétendait que les atomes étaient de formes diverses, et qu'en se heurtant sous certaines inclinaisons, son fameux « Clinamen », ils s'accrochaient et formaient la matière. Tout le monde connaît, en effet, les fameux atomes crochus d'Epicure. Lucrèce admet lui aussi des atomes de diverses formes, et c'est ainsi que l'absinthe doit son goût amer à des atomes crochus, et le miel sa douceur à des atomes arrondis. Pythagore était atomiste.

A partir de la Renaissance, nous trouvons dans le camp des partisans de la divisibilité indéfinie Descartes, qui estime que la matière occupe toute l'étendue et qui montre la première conception réelle de l'éther. A côté et au-delà de Descartes, certains philosophes poussant à l'extrême les conséquences de la divisibilité à l'infini, en sont arrivés à nier la matière elle-même et à considérer les corps que nous apercevons comme de simples illusions des sens. Et n'est-il pas vrai que si tous les corps étaient réduits à l'état gazeux, et à plus forte raison à l'état cosmique, nous serions dans l'impossibilité absolue de constater l'existence de la matière.

Leibnitz, poursuivant la logique de son calcul infinitésimal basé sur la continuité et la divisibilité à l'infini, considérait la matière comme formée de points matériels, simples centres métaphysiques de force ; Graham et Ampère adoptent la même doctrine, mais

Gassendi, bien que cartésien, est atomiste. De nos jours, la science n'est plus divisée sur cette question, et, depuis Dalton, la plupart des savants acceptent l'indivisibilité atomique.

Il nous semble d'ailleurs qu'il n'y a pas incompatibilité entre les deux systèmes; nous sommes, en effet, souvent trop préoccupés de faire passer dans la science ce que les philosophes appellent les concepts de la raison; nous savons cependant que si, au point de vue mathématique, une droite n'a ni largeur ni épaisseur, il nous est impossible de réaliser une pareille ligne, et nous ne concevons pas qu'on la réalise jamais, comme non plus que l'on puisse former un point sans étendue.

Il nous faut donc distinguer entre les déductions mathématiques et les réalités du monde physique. Il est manifeste qu'une quantité, quelque petite qu'elle soit, peut toujours théoriquement être divisée en deux parties, ces deux parties en deux autres, ainsi de suite; comment concevoir un terme à cette subdivision? comment la raison admettra-t-elle un espace si petit qu'il ne pourra plus être divisé?

Mais en est-il de même pour des quantités physiques? Ici nous ne sommes plus dans le domaine de l'abstraction, mais dans celui du réel; si l'observation des phénomènes me conduit à penser que la nature s'est arrêtée à un certain point de divisibilité dans la constitution de la matière, pourquoi me refuserai-je à admettre une conception qui est, en somme, au moins aussi compréhensible que celle de la division à l'infini ?

La science moderne considère donc les corps comme formés de particules extrêmement petites, irréductibles et indivisibles, que l'on appelle atomes et molécules.

Les corps simples sont formés d'atomes ; le soufre, par exemple, est composé de particules initiales ou atomes de soufre réunis par la cohésion ; le fer est composé d'atomes de fer, mais si on chauffe ensemble un mélange de soufre en poudre et de limaille de fer, on obtient une combinaison totalement différente des composants primitifs : un sulfure de fer. La particule résultante est formée d'un atome de soufre uni par l'*affinité* à un atome de fer ; l'ensemble constitue une molécule ; l'atome correspond donc en principe aux corps simples, la molécule aux corps composés. Nous verrons plus loin la différence essentielle qui existe entre la cohésion et l'affinité.

Pour arriver à reconnaître des lois dans la constitution des corps, il faut les étudier à l'état de gaz et à un point très éloigné de leur point de liquéfaction ; mieux vaudrait encore l'état radiant de Crookes ou ultra gazeux.

Gay-Lussac avait remarqué que les volumes des gaz qui se combinent sont entre eux dans des rapports très simples, un pour un, comme pour l'hydrogène et le chlore, deux pour un, pour l'hydrogène et l'oxygène, deux pour trois, etc. Si en chimie organique les rapports sont plus complexes, ils sont néanmoins saisissables ; or à quoi tient cette simplicité ? C'est ce qu'il nous faut rechercher.

Avogrado, en 1813, formule la loi qui porte son nom. *Des volumes égaux de gaz à température et pression égales, renferment le même nombre d'atomes ou de molécules.* Tout se passe dans les combinaisons, comme si cette loi était vraie, mais il nous reste à donner à son sujet quelques explications.

La loi de Mariotte nous apprend que les volumes des gaz quels qu'ils soient varient proportionnellement à la pression. Un litre d'hydrogène et un litre d'oxygène, également comprimés, diminuent de la même quantité ; or, la compression ne peut porter que sur les intervalles entre les atomes ou molécules ; ce nombre d'intervalles est donc le même, et par suite le nombre des particules.

D'autre part, la loi de Charles, qui constate que les gaz se dilatent de la même quantité pour des températures égales, s'explique de la même façon. La loi d'Avogrado peut donc être admise, et dès lors il suffira, pour avoir les poids relatifs des atomes ou des molécules, de prendre les poids de litres des divers gaz.

Il nous reste maintenant à indiquer comment la science comprend la disposition des atomes ; et tout d'abord nous avons reconnu que l'atome est infiniment petit. Gaudin, dans son très intéressant *Traité de l'architecture du monde des atomes,* l'évalue à un centième de millionième de millimètre.

Plusieurs atomes réunis forment une molécule. La théorie cinétique des gaz admet qu'un centimètre cube d'air contient vingt et un trillions de molécules (Wurtz), et, d'après Clausius, un des auteurs de cette théorie cinétique, ces molécules n'occupent que la six millième partie de l'espace total.

On admet, parce que c'est la seule hypothèse qui rende compte de toutes les propriétés de la matière, que dans la molécule les atomes sont distants les uns des autres, et que dans les corps les molécules elles-mêmes sont distantes entre elles.

Nous ne saurions mieux faire, pour décrire la disposition des atomes et molécules dans la matière, que de reproduire les lignes suivantes écrites par Wurtz dans sa théorie atomique : « Les *dernières* particules » des corps ne se touchent pas, elles sont séparées » par des intervalles relativement grands, elles se » meuvent dans l'éther ; et pour les corps gazeux » leurs distances sont immenses par rapport à leurs » dimensions ; elles sont encore très considérables » pour les corps liquides et solides. »

Mais peut-on concevoir des corps se tenant à distance les uns des autres, sinon animés de mouvements de rotation rapides ; les atomes et molécules tournent, en effet, sur eux-mêmes avec une très grande vitesse et, comme pour la toupie, c'est la condition de leur stabilité.

Ecoutons encore, sur ce sujet, divers auteurs éminents. Lamé, dans une étude intitulée : *Principe de l'inertie,* reconnaissait en 1862 qu'aujourd'hui, grâce aux progrès de la science, on admet que tous les corps ont leurs molécules animées d'un double mouvement, de vibration autour d'une partie moyenne, et de rotation autour d'un ou plusieurs axes, d'où dans l'univers il n'existe pas plus de repos moléculaire que de repos de grandes masses ; et plus récemment le P. Secchi, dans son ouvrage sur l'*Unité des forces physiques,* constate que les molécules, spécialement des liquides et des solides, ont une énorme vitesse de rotation et emmagasinent de la force vive.

Dans les gaz, une seule chose reste fixe à conditions égales : la distance atomique, mais les molécules peuvent prendre toutes les positions : il en est de même dans les liquides ; dans les solides, au contraire, les positions restent invariables.

On a assimilé avec beaucoup de justesse une molécule à un système planétaire, Jupiter, par exemple, avec ses satellites que la force centrifuge a détachés de la planète ; les molécules formeraient alors des systèmes stellaires, les atomes des planètes. La comparaison est d'autant plus exacte que la cohésion et l'affinité ne sont sans doute que les infiniments petits de la gravitation. Nous retrouvons donc ici, comme en tout ce qui concerne la création et le monde organique lui-même, l'infiniment petit à côté de l'infiniment grand.

Unité de la matière .

Descartes avait affirmé que la matière répandue dans l'espace était une et identique. Les philosophes et les physiciens admettent volontiers comme lui l'unité de la matière, mais les chimistes sont d'un avis contraire, depuis que Lavoisier a découvert quantité de corps simples dont la série s'allonge tous les jours.

Nous avons vu dans le chapitre précédent que la matière prend de plus en plus de caractères communs au fur et à mesure qu'elle passe de l'état solide à l'état gazeux : que par exemple le volume de tous les gaz varie proportionnellement à la pression, qu'ils se dilatent de la même quantité pour des températures égales, etc., et cette similitude est telle que les chimistes eux-mêmes ont été forcés d'admettre la loi d'Avogrado qui attribue le même nombre de molécules à des volumes égaux de gaz quelconques.

Mais voici encore la loi de *Dulong et Petit,* qui nous montre que tous les gaz simples sous le même volume ont la même chaleur spécifique, quelles que soient d'ailleurs la pression et la température, pourvu qu'ils restent éloignés de leur point de liquéfaction.

Voici encore que Crookes, dépassant l'état gazeux, a montré que la ressemblance s'accentuait lorsqu'on atteignait l'état qu'il appelle ultra-gazeux ; mais ici quelques explications sont nécessaires. Tout le monde connaît aujourd'hui l'ampoule et les expériences de Crookes qui ont donné indirectement naissance aux rayons Rœntgen. Je les décrirai cependant en quelques mots.

Les physiciens cinétistes, dont la plupart sont des savants considérables, admettent que les molécules de gaz sont animées de mouvements extrêmement rapides de translation et de rotation, représentants des mouvements moléculaires dans les solides et liquides ; la molécule d'hydrogène, par exemple, parcourt 1,844^{m} par seconde ; les molécules ainsi projetées se heurtent sans cesse et engendrent les mouvements de rotation ; les propriétés des gaz : expansion, pression sur les parois, diffusion à travers les membranes, etc., seraient dues à ces mouvements de projection.

Or, Crookes s'est dit que si on parvenait à diminuer le nombre des molécules, les collisions seraient moins fréquentes et, par suite, mieux mises en évidence les propriétés de la molécule ; il fit donc le vide dans une ampoule de verre munie de deux électrodes ou cathodes ; lorsque le courant passait, les molécules gazeuses étaient projetées du pôle négatif sur la paroi du verre située en face ; la force de projection était telle, que de la cire collée sur le verre était fondue, et qu'un petit moulin à ailettes placé à l'intérieur tournait avec une très grande rapidité. Si les molécules sont trop nombreuses, les chocs les contrarient et diminuent leur puissance de projection ; si elles sont trop rares, cette puissance est trop réduite. Crookes a reconnu que le maximum d'effet obtenu correspondait à un vide de un millionième d'atmosphère.

Voici alors ce qui se produit : lorsque le courant passe et que les molécules sont lancées, une zone obscure règne autour du pôle négatif, c'est la zone où les molécules ne se sont pas encore heurtées ; au delà il se produit une lumière pâle due au choc des molécules et qu'on appelle *lumière cathodique* ; sauf la couleur qui est verte pour l'air et variable pour chaque nature de gaz, toutes les propriétés physiques ont été reconnues semblables ; les différences chimiques seules persistent, parce que la molécule n'est pas détruite. Nous approchons donc ici davantage encore d'un type commun, et ce type tous les physiciens croient le reconnaître dans l'éther.

« *L'étude de la lumière* et de l'électricité, dit le » P. Secchi, dans l'*Unité des forces physiques*, nous » a conduits à regarder comme infiniment probable » que l'éther n'est autre que la matière elle-même » parvenue au plus haut degré de ténuité, à cet état » de rareté extrême qu'on nomme état atomique ; » par suite, tous les corps ne seraient, en réalité, » que des agrégats des atomes mêmes de ce fluide. »

Et Berthelot, bien que chimiste, disait en 1864, qu'en fait d'hypothèses touchant une matière unique, la plus vraisemblable serait celle qui la ferait dériver de « condensations diverses de la substance éthérée, les » états d'équilibre stable seraient les corps simples, » les divers corps simples en effet pourraient être » constitués par une même matière distinguée seule- » ment par la nature des mouvements qui l'animent ».

Avant Berthelot, Wright et Graham avaient émis la même opinion et ce dernier avançait, d'accord avec Newton lui-même, que « l'*unité essentielle* de la ma- » tière est en harmonie avec l'action égale de la » pesanteur sur tous les corps ». Ajoutons enfin que Proust considérait que la matière primordiale n'était autre que l'hydrogène.

Si l'existence d'une nébuleuse primitive est vraie, comme tout semble l'indiquer, quelle apparence en effet que la matière primordiale soit composée d'une centaine d'atomes de différentes natures, la raison se refuse à semblable hypothèse opposée aux voies simples que nous sommes habitués à rencontrer dans l'ordonnance du monde, et Faye lui-même, dans le but de soutenir l'hypothèse contraire, nous fournit un argument considérable en faveur de l'unité.

Si on rencontre en effet dans les divers soleils, par le moyen de l'analyse spectroscopique, les mêmes corps simples que dans le notre, par contre on n'en trouve qu'une partie dans les nébuleuses irréductibles. Aussi Faye les divise-t-il en deux catégories, celles qui renferment des corps solides et celles qui ne renferment que des corps gazeux. Ces dernières ne pourraient jamais devenir des mondes, telle la magnifique nébuleuse d'Orion qui ne contient que de l'hydrogène et de l'azote, mais cela n'est-il pas plutôt un argument en faveur de l'unité, et n'indique-t-il pas simplement que les nébuleuses se présentent à divers degrés d'évolution.

Quoi ? il y aurait des portions d'espace où la matière ne serait formée que de gaz et d'autres où il se rencontrerait des solides ? Cette argumentation me paraît d'ailleurs pécher par la base, car même l'azote et l'hydrogène sont susceptibles de se solidifier ou de former des composés solides, mais ce qu'il en faut retenir dès à présent, c'est que suivant leur degré d'évolution, les nébuleuses s'enrichissent de matériaux soi disant simples, et il est probable que sous l'influence de pressions et de températures énormes que nous sommes incapables de reproduire, des groupements atomiques se sont formés, groupements que nous ne pouvons dissocier par nos faibles moyens et dont nous faisons des corps simples.

L'analyse spectrale elle-même est venu d'ailleurs au secours de la thèse de l'unité. Lockyer a reconnu en effet que dans les soleils à lumière blanche, c'est-à-dire offrant la température la plus élevée, on ne trouve que de l'hydrogène libre et un peu de magnésium ; dans les soleils jaunes comme le nôtre, on rencontre des métaux, mais pas des métalloïdes. Enfin dans les étoiles les moins chaudes telles que α d'Hercule, les métaux ne se rencontrent plus que combinés et à côté d'eux les métalloïdes; et toujours dans l'ordre de la spectroscopie, Crookes ne prétend-il pas avoir réussi à décomposer le spectre de l'yttrium considéré comme corps simple.

A ne considérer d'ailleurs que les corps que nous connaissons, ne voyons-nous pas tous les jours des corps de même composition chimique dits *isomères* présenter les apparences les plus diverses, en chimie organique surtout, et les corps simples eux-mêmes, qui en raison même de leur simplicité devraient toujours présenter le même aspect, ne se montrent-ils pas absolument différents dans leurs états *allotropiques*, tels le phosphore blanc et le phosphore rouge qui diffèrent si complètement par leur couleur, par la toxicité de l'un et l'innocuité de l'autre, etc. Quoi de plus dissemblable encore que les trois variétés de carbone, le charbon, le graphite et le diamant, — que le soufre cristallisé et le soufre mou?

La composition élémentaire est certainement la même, mais les groupements atomiques sont différents, les atomes sont peut-être arrangés en molécules de façons diverses, enfin les mouvements moléculaires eux-mêmes peuvent être différenciés, comme l'admet Berthelot. Quoi qu'il en soit, la chimie n'a rien pu découvrir dans les causes de l'isomerie et de l'allotropie.

Nous pouvons donc conclure que la matière est une, et que les corps simples se sont formés aux divers degrés de l'évolution des nébuleuses.

DEUXIÈME PARTIE

DEUXIÈME PARTIE

ÉNERGIE

De l'énergie en général

Partout autour de nous et en nous, nous ne voyons que mouvement, mais de ce mouvement nous ignorons la cause première. Dans une locomotive entraînant des wagons, nous savons bien que l'impulsion est due à la combustion du charbon qui réduit de l'eau en vapeur, mais qu'est la chaleur et quel est le secret de son action ? On faisait autrefois intervenir les *forces*, entités abstraites dont Descartes et Newton se sont si fort montrés les adversaires, mais dont à la même époque Leibnitz admettait l'existence ; car voici en quels termes il s'exprime à cet égard :

« Ayant tâché d'approfondir les principes mêmes » de la mécanique pour rendre raison des lois de la

» nature que l'expérience faisait connaître, je m'aper-
» çus que la seule considération d'une masse étendue
» ne suffisait pas, et qu'il fallait encore employer la
» notion de force qui est très intelligible quoiqu'elle
» soit du ressort de la métaphysique... et qu'ainsi il
» fallait la concevoir à l'imitation de la notion que
» nous avons des âmes. » Voilà bien en effet s'il en fut une pure conception métaphysique. D'Alembert, Ampère, et de nos jours Hirn, sont les rares représentants de cette doctrine, et voici comment s'explique ce dernier dans son *Analyse élémentaire de l'univers* :

« Ce que nous appelons le monde physique et par-
» fois si improprement le monde matériel, est consti-
» tué par deux familles d'éléments distincts, l'élé-
» ment matériel et l'élément intermédiaire ou dyna-
» mique, le fini est l'attribut essentiel de la première
» classe, l'infini est l'attribut de la seconde. »

Mais au contraire de Hirn, les savants de nos jours ne séparent plus la force du mouvement, et par conséquent de la matière. « Il est absurde, dit le P. Secchi,
» d'admettre que le mouvement dans la matière brute
» puisse avoir d'autre origine que le mouvement
» lui-même. » On laisse donc aujourd'hui de côté les forces, et on ne considère plus que l'énergie.

Descartes avait cru que la quantité de mouvement ou le produit de la masse d'un corps par sa vitesse, était indestructible. Huyghens a prouvé que ce qui est constant, c'est seulement le produit de la masse par le carré de la vitesse; c'est ce produit que Leibnitz a appelé force vive, *vis viva*, le mot vive étant pris dans le sens de vivante, active, comme dans l'eau vive, et ce qui représente le travail réalisé, c'est non le produit précédent mais le demi produit désigné sous le nom de puissance vive ou plus simplement *énergie,* suivant l'expression de l'Anglais Macquorn Rankine.

L'énergie peut se transformer et devenir tour à tour chaleur, électricité, magnétisme, etc.; mais elle se retrouve toujours suivant des équivalences qui ont été établies. « Tous les travaux, toutes les tendances » de la science moderne, dit M. Henri Sainte-Claire-» Deville, conduisent à l'identification de l'énergie. » Ainsi l'unité d'énergie étant un poids de un kilogramme élevé à un mètre de hauteur, ou un kilogrammètre, on a trouvé qu'une calorie, c'est-à-dire la quantité de chaleur nécessaire pour élever un kilogramme d'eau de un degré, équivaut à 425 kilogrammètres, c'est ce qu'on appelle l'*équivalent mécanique* de la chaleur.

Un boulet de canon est doué d'une énergie représentée par le demi produit de sa masse par le carré de sa vitesse, et les dégâts qu'il peut commettre seront l'équivalent de l'énergie perdue.

Au point de vue de l'activité, l'énergie se divise en énergie de position ou *potentielle* et énergie de mouvement ou *actuelle*. Ces dénominations sont encore dues à Rankine. Une pierre placée au sommet d'un édifice renferme une énergie *potentielle* qui sera rendue *actuelle* au moment de sa chute; de même l'eau d'un réservoir situé à un niveau élevé, la corde d'un arc bandé possèdent de l'énergie potentielle; un pendule présente les deux genres d'énergies, en haut de sa course il ne contient que de l'énergie de position, au bas rien que de l'énergie de mouvement, dans l'intervalle il contient l'une et l'autre.

Les énergies qui nous frappent le plus sont celles que nous offrent les grands corps en mouvement, mais outre leur caractère transitoire et temporaire, elles sont de nulle importance au regard des énergies moléculaires que nos sens saisissent à peine, nous ne nous occuperons ici que de ces dernières, car seules elles peuvent nous mettre sur la voie des causes et sont d'ailleurs la source de toutes les autres. Mais comme les modes de propagation sont inséparables de la production de l'énergie, nous commencerons par étudier les premières, et tout d'abord le son, dont le milieu de propagation est l'air, c'est-à-dire un fluide relativement tangible; cette étude nous facilitera d'ailleurs celle des énergies moléculaires transmissibles par l'éther.

Production et propagation du son. — Ondes

Ondes liquides. — Lorsqu'on étudie les ondes, on commence toujours par celles produites à la surface de l'eau lorsqu'on y laisse tomber un corps; nous ne dérogerons pas à cet usage qui ne subsiste d'ailleurs que parce qu'il est rationnel. Donc si on laisse tomber une pierre à la surface d'une nappe d'eau, on voit se produire des ondes circulaires formant une série de dépressions et de relèvements dits ventres et nœuds, mais sans que le liquide soit déplacé comme on peut s'en assurer en observant les objets qui flottent à la surface; ces ondes seront plus ou

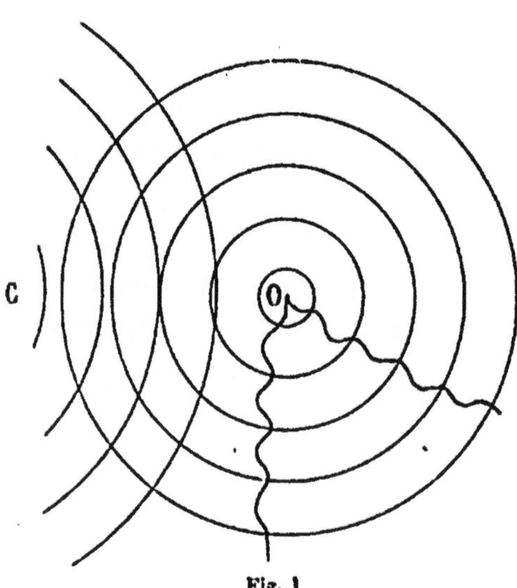

Fig. 1

moins fortes, plus ou moins nombreuses, mais leur vitesse par seconde sera toujours la même.

Si je laisse tomber une deuxième pierre au même point O des ondes nouvelles vont se produire qui pourront être beaucoup plus courtes, mais d'autant plus nombreuses, de façon à conserver la vitesse des premières, ces deux séries d'ondes ne se contrarieront nullement entre elles.

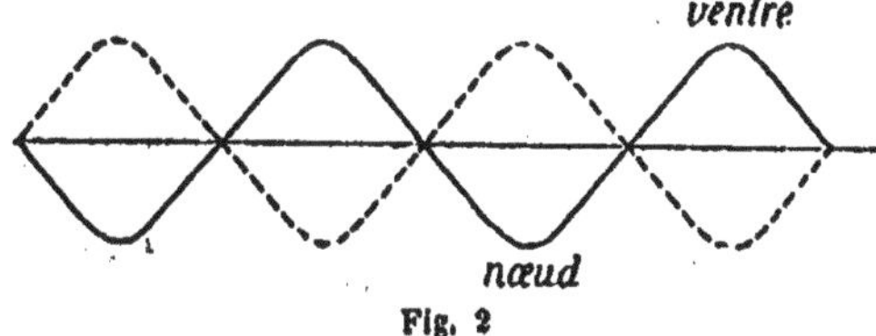

Fig. 2

Il peut cependant se produire un cas où des ondes se détruisent, c'est celui où ayant même centre, même longueur et même intensité, elles se croisent de façon à ce que les nœuds de l'une correspondent aux ventres de l'autre, c'est le phénomène de l'*interférence.*

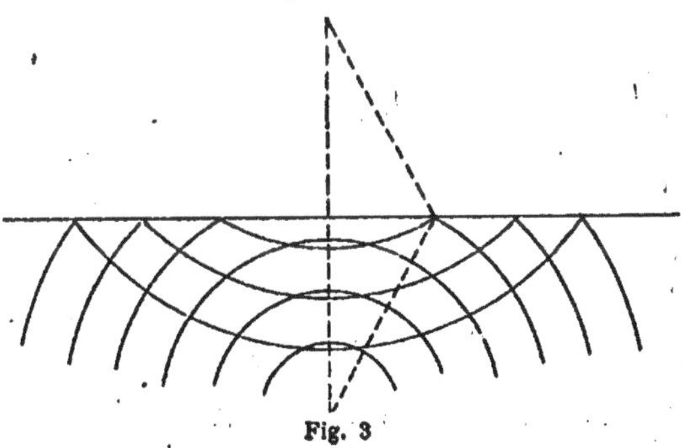
Fig. 3

Pendant que se produisent les ondes précédentes, laissons tomber une autre pierre en un second point C, la nouvelle série d'ondes produites viendra croiser les précédentes sans dérangement d'aucune sorte ; c'est ainsi que, considérant la surface de la mer ou d'un étang, nous la voyons sillonnée de rides découpant des portions de surfaces miroitantes. Nous avons opéré jusqu'ici sur une surface liquide indéfinie, supposons au contraire qu'elle soit limitée par une paroi, les ondes viendront alors se réfléchir contre cette paroi, et c'est en effet une vraie *réflexion*.

Si au lieu d'opérer à la surface nous agissons à l'intérieur d'une masse liquide, les ondes obtenues seront des *ondes sphériques* que nous étudierons plus loin. Mais auparavant abordons le son.

Ondes sonores. — Tout se passe dans le son comme précédemment, avec cette seule différence que le milieu de propagation est l'air. Prenons le cas le plus simple et qui met le mieux en évidence son caractère ondulatoire, une simple lame métallique pincée entre les mâchoires d'un étau, déplaçons l'extrémité libre de cette lame, elle se met à vibrer, c'est-à-dire à osciller d'avant en arrière autour

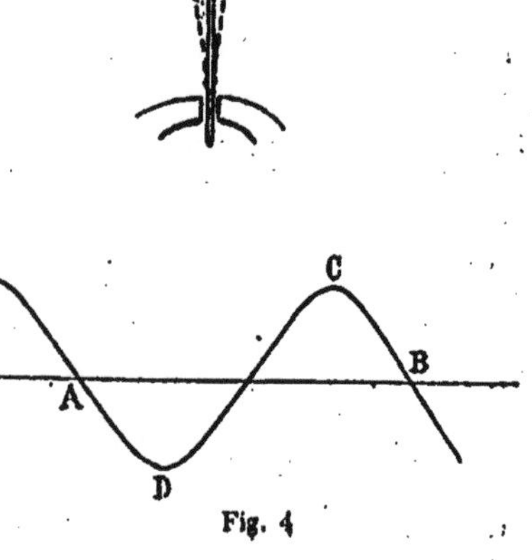

Fig. 4

d'une position moyenne, elle pousse et raréfie ainsi l'air alternativement, de telle sorte que celui-ci est chassé en avant et ramené en arrière sans autre déplacement que celui d'une longueur d'onde. Si nous convenons de prendre pour abcisses le temps et pour ordonnées les amplitudes, nous obtiendrons une onde en sinusoïde ; A B est la longueur d'onde, le maximum de compression C s'appelle le *ventre*, le maximum de dépression D le *nœud*.

La différence entre le nœud et le ventre est l'amplitude ; bien que la lame n'oscille que dans une direction, ce sont des ondes sphériques qui se produisent et le son est entendu dans toutes les directions.

Loi des ondes sphériques

Nous nous arrêterons un instant sur ces ondes qui paraissent former la loi de propagation des énergies moléculaires. Si la propagation du mouvement se faisait par l'émission d'une particule quelconque, celle-ci se mouvant en ligne droite, le mouvement ou l'énergie se transmettraient sans affaiblissement, quelles que fussent les distances. Si le mouvement ou l'énergie se transmettaient par pression du milieu environnant, la propagation se ferait en raison inverse du cube des distances, les volumes des sphères étant en effet proportionnels aux cubes des rayons ou distances.

Au lieu de volumes considérons les surfaces sphériques : elles sont proportionnelles aux carrés des rayons, l'affaiblissement se fera ici en raison inverse du carré des distances, chaque onde B se dilatera sphériquement en surface, et c'est en effet ce qui se passe dans l'eau et dans l'air. Donc chaque fois que nous aurons affaire à une loi d'affaiblissement en raison inverse du carré des distances, nous pourrons conclure que le mode de propagation est l'onde sphérique, or c'est le cas universel de propagation des énergies dans un espace libre, à commencer par le son.

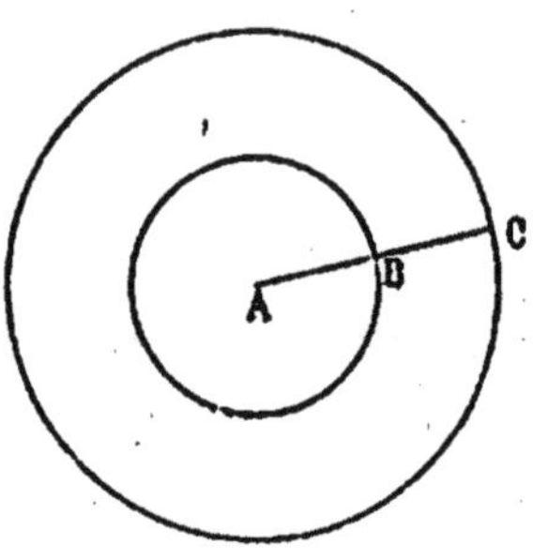

Fig. 5

Reprenons notre lame, elle n'oscille que dans un sens et cependant la vibration s'étend sphériquement en s'affaiblissant, il est vrai, à partir de son plan d'oscillations. Quelle que soit l'intensité de vibration de la lame, quelle que soit sa longueur, le son se propagera avec la même vitesse, 332 mètres par seconde. Le nombre de vibrations nous indiquera dès lors la longueur d'onde ; si le son émet 332 vibrations, l'onde aura un mètre de longueur.

L'oreille est organisée pour percevoir les vibrations de 32 à 73,000 par seconde, en dehors de ces limites, nous ignorons les vibrations de l'air. Les éléments qui constituent le son sont la *hauteur* qui se manifeste par le nombre de vibrations par seconde, et dépend par conséquent de la longueur d'onde, et l'*intensité* ou amplitude qui n'est autre que la puissance de l'onde ou la différence A C entre le ventre et le nœud, il y a encore le *timbre* qui varie suivant la nature de l'instrument qui produit la note, la note de la flûte diffère en effet de celle du violon à vibrations égales.

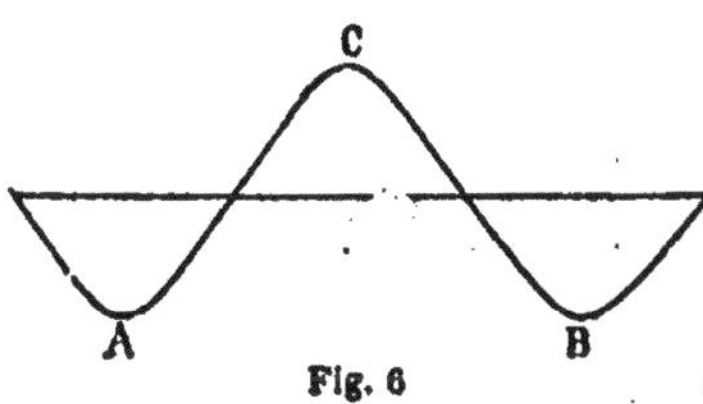

Fig. 6

Les mêmes phénomènes que nous avons étudiés dans les ondes liquides se reproduisent ici, les ondes sonores rencontrant une surface lisse se réfléchissent et forment l'*écho*, deux ondes d'égale hauteur et d'égale intensité peuvent s'interférer et par suite deux instruments de musique jouant de concert ne produire aucun son. En dehors de ces cas extrêmes, deux ondes peuvent se renforcer si elles se suivent à moins d'un demi-intervalle, elles s'atténuent au contraire si elles se suivent au-delà de la moitié ; dans les deux cas, ces ondes sont dites *polyphasées*.

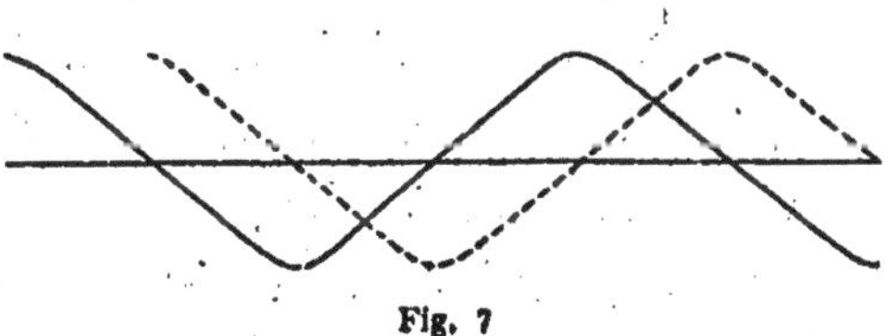
Fig. 7

Reversibilité des phénomènes

Un caractère général de la transmission par ondes est la reversibilité, qui consiste en ce que un corps ou une molécule vibrante, *va produire au loin un mouvement exactement semblable à celui dont il est animé sur des corps ou des molécules placés dans les mêmes conditions*. Dans le cas du son, par exemple, plaçons dans un appartement une corde métallique ou à boyau suffisamment tendue pour qu'elle émette un son pur, cette corde de $1^m,20$, par exemple, résonnera à 440 vibrations par seconde, plaçons dans la même pièce une série de cordes de diverses longueurs, si je fais vibrer la première corde avec un archet, la corde de $1^m,20$ de la seconde série se mettra à vibrer et vibrera seule parce qu'elle rendra 440 vibrations, en concordance avec les ondes émises par la première. Si de même, dans un appartement, se trouvent deux pianos, une note touchée sur l'un fera résonner la même note sur l'autre.

En un mot, le mouvement rythmé de l'onde va produire à distance un rythme semblable sur les corps ou molécules en accord avec elles.

Nous avons des exemples concluants de réversibilité dans des appareils relativement récents qui confinent au surnaturel et qui, au moyen âge, eussent suffi pour envoyer leurs inventeurs au bûcher. Je veux parler du téléphone et du phonographe ; pour étudier le téléphone au point de vue qui nous occupe, il faut prendre le téléphone primitif, celui de Bell.

On sait en quoi consiste cet appareil dont la simplicité est remarquable, comme toutes les idées géniales : un transmetteur formé d'une membrane métallique vibre en face d'un petit électro aimant relié à un fil métallique ; à l'autre extrémité de ce fil, un récepteur semblable au transmetteur ; on parle devant le transmetteur : les vibrations occasionnent dans l'électro-aimant des variations de courant qui, se reproduisant à l'autre bout, attirent plus ou moins la membrane réceptrice, d'où résultent des sons absolument semblables à ceux émis ; on peut indifféremment parler à l'un ou à l'autre bout, la réversibilité est parfaite.

Prenons maintenant le phonographe, encore plus merveilleux et encore plus simple, puisque c'est le même appareil qui sert de transmetteur et de récepteur. Cet appareil est constitué par une membrane de métal à laquelle est fixée un poinçon ; ce poinçon, au repos, vient raser sans appuyer une feuille d'étain enroulée sur un petit tambour mis en mouvement par un ressort d'horlogerie ou à la main. Lorsqu'on parle devant la membrane, le poinçon appuie de temps en temps et trace des traits plus ou moins profonds sur la feuille d'étain ; tournons maintenant le tambour en sens inverse, le poinçon restera dans la rainure imprimée sur la feuille d'étain, et la membrane reproduira les vibrations primitives, c'est-à-dire le son et les paroles.

Ces deux instruments nous montrent encore une chose, c'est que les sons se transmettent par une véritable résultante ; ainsi le phonographe nous transmet le bruit d'un orchestre où nous distinguons divers instruments, et cependant le poinçon qui n'aura tracé qu'un seul trait ne saurait transmettre qu'une seule vibration : l'impression sur la feuille d'étain est donc bien une résultante des impressions transmises.

Elasticité — Viscosité

Une autre propriété de l'air, sur laquelle il nous faut insister, est celle de transmettre simultanément comme l'eau des ondes diverses ne perdant rien de leur netteté ; c'est ainsi que dans une salle où l'air est cependant limité, nous percevons distinctement tous les instruments d'un orchestre et les voix d'un chœur, à la condition toutefois d'empêcher la répercussion du son sur les parois de la salle ; cent ondes s'entrecroisent ainsi en conservant leur individualité, c'est-à-dire leur amplitude, hauteur, timbre, en reproduisant même les nuances les plus délicates. C'est à l'élasticité de l'air qu'est due cette faculté ; or, qu'est l'*élasticité ?*

Un corps est parfaitement élastique, lorsque après une déformation il reprend exactement sa forme primitive. Si je laisse tomber une bille de marbre sur un parquet de marbre, la bille rebondira ; si elle rebondissait sans cesse à la même hauteur, on dirait que le marbre est parfaitement élastique, mais il n'en va pas ainsi, la bille s'élève de moins en moins haut, et on dit que le marbre est un peu « *mou* ».

Soit maintenant un tube rempli d'air hermétiquement fermé : pressons-le au moyen d'un piston, l'air se comprimera et s'échauffera ; interrompons la pression, et l'air reprendra son volume primitif s'il est parfaitement élastique et, dans ce cas, il restituera toute sa chaleur, sinon il conservera un peu de chaleur et ne reviendra pas absolument à son premier état ; c'est ce qu'on exprime en disant que l'air a un peu de *viscosité*. Si un gaz était absolument élastique, il n'offrirait aucune résistance à un corps en mouvement.

Crookes définit la viscosité d'un gaz, la résistance qu'offre ce gaz au passage d'un corps qui le traverse, l'air est très l'élastique, c'est ce qui fait qu'il transmet très fidèlement, quoique non absolument, les mouvements qui lui sont imprimés ; mais il est un peu visqueux, et c'est ce qui explique que les ondes finissent par s'y éteindre, et que le vol des oiseaux y puisse prendre un suffisant point d'appui pour des mouvements même très rapides.

Dans une onde sonore, les molécules d'air, quoique très distantes, conservent absolument leurs distances réciproques à température et pression égales, grâce à la force centrifuge résultant de la rotation des molécules ; le vide entre ces dernières n'empêche donc pas la constitution de l'onde et en est même sans doute une des conditions essentielles. Dans l'expérience précédente de l'air pressé par un piston, nous avons constaté que l'air comprimé s'échauffe ; il se refroidit, par contre, lorsqu'il se dilate, c'est là une loi générale de physique, un gaz qui diminue de volume, abandonne de la chaleur, un gaz qui se dilate, en emprunte et produit du froid ; il en est de même pour les corps à tous les états ; nous chercherons à expliquer plus loin la cause de cette loi.

Ether

Abordons maintenant les mouvements et les énergies moléculaires ou atomiques. Si l'astronomie a dû, suivant l'expression de Laplace, s'élever à travers les illusions des sens, tout ce qui concerne les études moléculaires, a dû se poursuivre en dehors des sens ; or c'est certainement dans les mouvements moléculaires que se trouve le secret du monde, et c'est l'étude de l'inaccessible molécule qui nous le dévoilera.

Les énergies moléculaires : chaleur, lumière, électricité, magnétisme ont pour milieu de propagation l'éther, de même sans doute que la gravitation, la cohésion et l'affinité.

Descartes admettait que la matière remplissait l'espace d'une façon continue, cette matière que tous les physiciens admettent aujourd'hui, il l'appelait *éther;* les gaz, les liquides, les solides n'étaient que des matières plus grossières. De même Newton supposait que les espaces célestes étaient remplis d'un milieu très subtil pénétrant tous les corps, et auquel il donnait aussi le nom de milieu éthéré ou d'éther ;

c'est même à ce milieu qu'il attribuait, sans savoir comment, la propagation de la gravitation.

L'existence du milieu éthéré paraît prouvée à Newton par ce fait, qu'un thermomètre se comportait dans le vide comme dans l'air ; or, la chaleur ne peut être transmise à travers le vide que par les vibrations d'un milieu beaucoup plus subtil que l'air, et il ajoute : « Ce milieu n'est-il pas excessivement plus rare et » plus subtil que l'air, et excessivement plus élastique » et plus actif ? Ne pénètre-t-il pas facilement tous les » corps, et par sa force élastique ne se répand-il pas » dans tous les lieux ? » Chose étrange, Newton qui admet les vibrations de l'éther lui refuse cependant la faculté de propager la lumière.

Dans ses *Leçons sur l'élasticité*, Lamé définit comme suit le rôle et l'importance de l'éther tel qu'on le comprend aujourd'hui :

« L'existence du fluide éthéré est incontestable- » ment démontrée par la propagation de la lumière » dans les espaces planétaires, par l'explication si » simple et si complète des phénomènes de la dif- » fraction dans la théorie des ondes et, comme nous » l'avons vu, les lois de la double réfraction prouvent » avec non moins de certitude que l'éther existe dans » tous les milieux diaphanes. Ainsi la matière pon- » dérable n'est pas seule dans l'univers, ses parti- » cules nagent en quelque sorte au milieu d'un » fluide ; si ce fluide n'est pas la cause de tous les » faits observables, il doit au moins les modifier, les

» propager, compliquer leurs lois. Il n'est donc plus » possible d'arriver à une explication rationnelle et » complète des phénomènes de la nature physique, » sans faire intervenir cet agent dont la présence » est inévitable.

» On n'en saurait douter, dans cette intervention » sagement conduite, se trouvera le secret de la » véritable cause des effets qu'on attribue au calo- » rique, à l'électricité, au magnétisme, à l'attraction » universelle, à la cohésion, aux affinités chimiques, » car tous ces états mystérieux et incompréhensibles » ne sont au fond que des hypothèses de coordina- » tion utiles sans doute à notre ignorance actuelle, » mais que les progrès de la véritable science finiront » par détrôner. »

Et, plus loin, Lamé appelle l'éther « une seconde » espèce de matière, infiniment plus étendue, plus » universelle, et très probablement beaucoup plus » active que la matière pondérable, et dans laquelle » la science future reconnaîtra le véritable roi de la » nature physique ».

On remarquera ici que Lamé admet deux sortes de matière : la pondérable et l'impondérable.

Wurtz, dans le même ordre d'idées, se demande si l'éther n'est pas formé d'atomes du second ordre, origine des atomes pondérables.

On voit par ce qui précède l'importance que présente l'éther ; or, pourquoi ce fluide est-il impondérable et qu'entend-on par là ?

Dès qu'il fût reconnu que la lumière avait besoin d'un intermédiaire pour se propager, il devint nécessaire de remplir l'espace d'un fluide répandu partout d'une façon uniforme, sans cela comment pourrait-on apercevoir les étoiles ? Or, cette nécessité d'un éther universel exigeait qu'il fut impondérable, il ne devait pas peser, sinon il se serait condensé en atmosphère autour des grandes masses de l'espace, et une seule lacune eût suffi pour empêcher la vision des astres ; l'éther est donc bien de toute nécessité dépourvu du caractère qui, pour nous, est inséparable de la matière, de la pondérabilité.

Malgré son impondérabilité, l'éther est-il résistant ? Laplace le conteste, et beaucoup d'astronomes avec lui. Newton, au contraire, l'admet, et Arago n'explique que par cette viscosité le retard de deux jours qu'a éprouvé la comète d'Encke en cinq révolutions. Le P. Secchi, enfin, et avec lui presque tous les physiciens, admettent la résistance tout au moins inerte de l'éther ; quelques-uns même croient à l'existence d'une matière météorique très raréfiée.

Nous avons vu que l'eau et l'air présentaient une certaine viscosité ; il nous paraît incontestable que de même l'éther n'est pas parfaitement élastique, l'absolu ne se rencontrant nulle part. La faible viscosité de l'éther est même nécessaire pour rendre compte de phénomènes autrement inexplicables ; un argument paraît péremptoire en faveur de la viscosité ; la chaleur, qui parcourt trois cent mille kilomètres par seconde, met cinq minutes pour se rendre du soleil à la terre ; que devient dans cet intervalle l'énergie $\frac{1}{2}$ m V^2 qu'elle représente ; sans doute la vitesse est considérable, mais la masse ou dans l'espèce la résistance ne saurait être nulle ; n'est-il pas absurde, d'ailleurs, de supposer qu'une substance quelconque, par le seul fait qu'elle existe, puisse être déplacée sans effort.

Si l'éther enfin était parfaitement élastique, il transmettrait instantanément les énergies ; or, l'on sait que bien que la vitesse de propagation soit immense, elle n'est pas nulle.

La seule objection qui ait été formulée contre la résistance de l'éther, c'est que, si elle existait, les planètes et tous les astres finiraient à la longue par cesser leurs mouvements. Or, dit-on, depuis deux mille ans, les astronomes n'ont pu constater le moindre ralentissement dans le mouvement de la terre, alors qu'on pourrait reconnaître une différence d'une seconde. A cela nous répondrons que les marées qui occasionnent sur le fond des mers et sur les côtes un frottement considérable, tendent incontestablement à ralentir le mouvement de rotation de la terre, et cette cause, cependant certaine, n'a produit non plus aucun effet appréciable ; l'argument invoqué est donc sans valeur, et nous persisterons à admettre une résistance infiniment faible de l'éther.

De même que les ondes aériennes ne supposent pas la continuité de l'air, de même les ondes éthérées n'impliquent pas la continuité de l'éther, contrairement à l'opinion de Descartes ; des vides doivent donc exister entre les particules primordiales, et ils sont la condition essentielle de la propagation par ondes. Pour que l'éther puisse en effet se condenser et se raréfier, il faut de toute évidence qu'il existe des intervalles entre ses atomes.

Lumière

Si pour l'étude des propriétés de la matière il est nécessaire d'avoir recours à l'état gazeux, pour ce qui concerne les énergies, il faut considérer tout d'abord les solides ; c'est en effet, comme nous le verrons plus loin, par la condensation de la matière cosmique que l'énergie s'est créée, et c'est dans les corps solides qu'elle peut le plus facilement être saisie.

C'est donc sur les corps solides que l'on a étudié tout d'abord la lumière et la chaleur. En fait, ces deux énergies ont la même cause ; partant, leur étude ne saurait être séparée.

L'opinion de Pythagore sur la propagation de la lumière était que l'œil lance une infinité de rayons qui vont saisir les objets perçus. — Pour Démocrite et Epicure, les rayons émanent des objets lumineux eux-mêmes. — Platon admet les deux sortes de rayons qui vont se rencontrer à moitié distance.

Il faut arriver à Descartes pour approcher des interprétations modernes. Descartes attribue la transmission de la lumière à la pression de l'éther et, partant de cette idée, il a fait la découverte de la réfraction, mais c'est à tort qu'Euler lui a attribué celle des ondes lumineuses.

Avec Newton, le monde savant se divise sur deux systèmes : celui de l'émission et celui de l'ondulation. Newton, partisan de *l'émission,* supposait que les corps lumineux émettent dans l'espace de petites particules matérielles spéciales ; ainsi le soleil lancerait sans cesse des particules qui, douées de la même vitesse, viendraient en même temps atteindre une même surface sphérique A, en supposant que la matière émise par la surface du soleil se diffusât sur toute la surface de A, nous retrouvons bien la loi d'affaiblissement en raison inverse du carré des distances. A l'aide de sa théorie, Newton était parvenu à expliquer plusieurs phénomènes lumineux ; aussi Gassendi et Biot, entre autres, l'avaient-ils adoptée ?

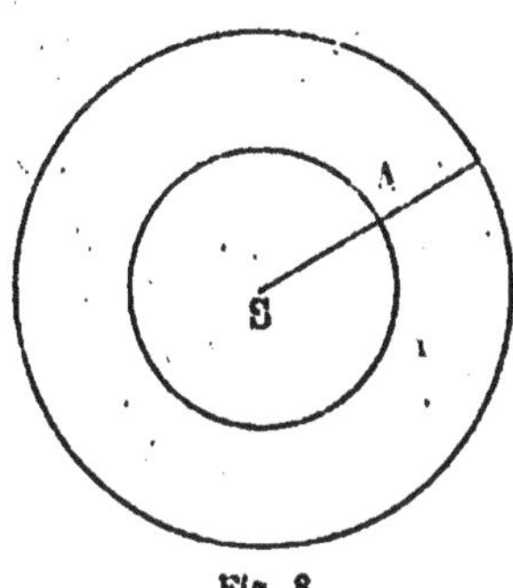

Fig. 8

Cependant beaucoup de phénomènes restaient inexpliqués, ceux des interférences et de la polarisation, notamment. Comment, en effet, dans le système de l'émission, comprendre que des rayons puissent se détruire ? Avec le système de Huyghens, au contraire, rien de plus simple ; ce dernier n'est d'ailleurs autre que celui des ondulations de l'éther, analogues à celles de l'air dans le son. Young et Fresnel, qui sont venus après lui, ont réussi à expliquer par leur moyen et à l'aide du calcul tous les phénomènes lumineux.

D'après ce que nous avions vu dans le son, la loi de propagation, en raison inverse du carré des distances, qui est celle de la lumière, nous laissait prévoir l'existence des ondes sphériques sans transport de matière, mais ces ondes elles-mêmes nous laissent pressentir que, comme pour la lame vibrante, l'ondulation est due à un mouvement vibratoire, et, en effet, les théories modernes attribuent la lumière et la chaleur à un mouvement vibratoire moléculaire ; or, comment concevoir ce mouvement vibratoire.

En décrivant la constitution atomique de la matière, nous avons vu qu'un corps solide pouvait être considéré comme formé d'atomes ou de molécules séparés les uns des autres par des intervalles relativement grands, par rapport aux dimensions des parties intégrantes ; nous avons aussi reconnu que, par raison d'équilibre, les molécules devaient être animées de mouvements rotatoires très rapides ; dans ces conditions d'équilibre instable, on conçoit que la moindre cause occasionne des vibrations. Ce corps solide, en effet, où toutes les molécules ainsi constituées peuvent être considérées comme des ressorts légèrement suspendus, supposons-le frappé par un choc : deux cas peuvent se présenter, ou bien le corps est dans l'impossibilité de se mouvoir, et alors tous les ressorts se mettront à vibrer, et ce sont ces vibrations qui constitueront la chaleur et à un degré plus élevé la lumière, et tout le monde sait, en effet, qu'un corps fixe frappé s'échauffe. Si le corps heurté, au contraire, est libre de se mouvoir, une partie seulement de l'énergie sera employée à faire vibrer les molécules, et c'est ce qui se passe en effet, le corps s'échauffe peu. Cette comparaison, croyons-nous, est de nature à bien faire comprendre au lecteur les phénomènes et la nature vibratoire de la chaleur et de la lumière. On peut donc conclure que toute cause qui produit des vibrations moléculaires occasionne de la chaleur et de la lumière. Les ondes émises par ces vibrations vont frapper nos sens et y produire les sensations caractéristiques de ces énergies.

Un rayon lumineux passant d'un milieu dans un autre se réfracte, c'est-à-dire est dévié. S'il passe d'un milieu moins dense à un milieu plus dense, de l'air dans le verre, par exemple, il se rapprochera de la normale à la surface du verre ; en repassant du verre dans l'air, il s'écartera au contraire de la normale à la surface de sortie.

Or, si l'on fait tomber sur un prisme de verre un rayon solaire blanc, on reconnaît qu'à la sortie, au lieu d'un rayon on en a plusieurs qui sont, par ordre de déviation, violet, indigo, bleu, vert, jaune, orangé, rouge, le rayon violet est le plus réfracté, le rayon rouge le moins ; au delà du violet, les rayons ne sont plus visibles à l'œil ; ils existent néanmoins, et ce sont même ceux qui sont doués de la plus grande activité chimique ; avant le rouge se trouvent également les rayons les plus chauds, quoique non visibles ; les rayons visibles sont donc compris entre le violet où la molécule vibre 734 trillions de fois par seconde, et le rouge où elle ne vibre que 477 trillions : l'œil humain n'est constitué que dans ces limites.

Les rayons lumineux, calorifiques et chimiques ne diffèrent donc que par le nombre de vibrations ; tous, dès qu'ils ont quitté le soleil, parcourent l'espace avec la même vitesse, puisque partis confondus ils arrivent confondus, et ce qui prouve bien que la fusion ne s'est pas faite à l'instant de leur arrivée sur la terre, c'est que si, après avoir décomposé un rayon par le moyen d'un prisme, on recompose le faisceau par le moyen d'un second prisme, la lumière ressortira blanche et continuera de cheminer telle.

L'œil, moins bien doué que l'oreille, ne perçoit donc qu'une résultante de tous les rayons qui lui arrivent simultanément, tandis que l'oreille perçoit distinctement tous les sons simultanés compris entre 32 et 73,000 vibrations par seconde.

La vitesse de la lumière a été mesurée au moyen d'expériences de laboratoire par Savary, par Rœmer au moyen des éclipses des satellites de Jupiter, et enfin par l'aberration de la lumière ; par tous ces procédés, elle a été trouvée de 300,000 kilomètres par seconde, ce qui, pour la lumière rouge, donne une longeur d'onde de 0mm000064.

La lumière traverse les corps diaphanes, c'est-à-dire ceux où l'éther, qui remplit l'intervalle des molécules, vibre à l'unisson de l'éther qui les frappe. Une plaque diaphane pour un rayon peut d'ailleurs être opaque pour tous les autres ; c'est ainsi qu'un verre violet ne laissera passer que les rayons violets et arrêtera tous les autres.

Il est une lumière cependant inconnue il y a peu d'années encore qui traverse les corps opaques, c'est la lumière Rœntgen obtenue au moyen de l'ampoule de Crookes. Nous avons vu, en parlant de cette ampoule, que les molécules d'air lancées du pôle négatif contre les parois du verre, viennent frapper cette paroi des milliards de fois par seconde. Ce « *bombardement* » moléculaire fait vibrer le verre, et de cette vibration de *surface* naissent les rayons X.

Lorsque les ondulations lumineuses rencontrent la surface polie d'une glace qui les laissent imparfaitement passer, une partie des rayons est réfléchie, c'est ce qui fait qu'un observateur peut voir son image confuse en même temps que les objets qui sont au-delà ; une couche d'argent poli placée sur la face postérieure arrête les ondulations, il y a alors réflexion totale. Ici la surface est si hermétiquement fermée que l'éther lui-même ne peut la traverser ou tout au moins communiquer le mouvement aux particules de l'au-delà.

Chaleur

Chaque rayon est donc à la fois chimique, lumineux et calorique. Jusqu'à 477 trillions de vibrations, l'œil ne perçoit pas la lumière, ce que nous traduisons en disant que les rayons sont purement calorifiques.

La chaleur sur un corps solide produit deux effets : 1° un mouvement vibratoire révélé par le thermomètre et qui constitue par conséquent la température du corps ; 2° un mouvement rotatoire qui, par sa force centrifuge, contribue à l'écartement des molécules et fait équilibre à la cohésion que nous étudierons plus loin.

La chaleur spécifique d'un corps est celle nécessaire pour élever sa température d'un degré. Dans les liquides, les $\frac{2}{5}$ seulement de la chaleur fournie à un corps sont employés à élever sa température ; les $\frac{3}{5}$ sont employés à la rotation ou à l'écartement des molécules, autrement dit à la dilatation. Dans les gaz, la portion de chaleur nécessaire à l'écartement étant très faible, la chaleur spécifique est environ moitié de celle des liquides. La chaleur spécifique des solides enfin est aussi moindre que celle des liquides, mais généralement plus forte que celle des gaz; celle de la glace n'est que la moitié de celle de l'eau, tout comme sa vapeur.

Prenons un cas particulier, l'eau par exemple sous ses trois états, soit un kilogramme de glace à plusieurs degrés au-dessous de zéro, si nous la chauffons, sa température augmente d'un degré par demi calorie fournie et disons tout de suite que la calorie est la quantité de chaleur nécessaire pour élever d'un degré un kilogramme d'eau. Dès que le thermomètre marque 0, la chaleur qui jusque-là avait servi à faire vibrer la molécule et à la faire tourner, c'est-à-dire à l'élévation de température et à la dilatation, dès ce moment, dis-je, la chaleur fournie est toute entière employée à fondre la glace, c'est-à-dire à la dilatation ou rotation, 80 calories sont absorbées à cet effet sans que le thermomètre bouge : on dit que la chaleur latente de fusion de la glace est de 80 calories.

Dès que la glace est fondue, la chaleur fournie est de nouveau consacrée, partie à l'élévation de la température ou augmentation des vibrations moléculaires mesurables au thermomètre, partie à la rotation ou dilatation, mais ici ce n'est plus une demi-calorie par degré qui est nécessaire, mais une calorie. A 100°, le thermomètre ne monte plus, toute la chaleur fournie est employée à un écartement moléculaire, bien plus considérable ici que dans le cas de la liquéfaction, la chaleur latente de vaporisation est en effet de 537 calories; aussitôt que l'eau est réduite en vapeur, le thermomètre se remet à monter. D'après ce qui précède on conçoit l'énorme énergie contenue dans la vaporisation de l'eau, sous forme de rotation des molécules.

Inversement, lorsque la vapeur d'eau diminue de volume, elle abandonne de la chaleur, la vapeur à 100 degrés, en se condensant en eau à 100 degrés, abandonne 537 calories, et c'est là l'explication de la création de la chaleur fournie par la condensation de notre nébuleuse.

Toute molécule qui n'est pas au zéro absolu est donc animée de vibrations et de rotation, et par là même douée d'énergie. La chaleur est la forme d'énergie qui paraît être la liaison commune à toutes les autres.

Les énergies moléculaires sont considérables c'est ainsi que l'on a pu utiliser la force de contraction d'une barre de fer rouge qui se refroidit, pour ramener des murs dans la verticale. Pour comprimer l'eau, il faut des efforts tellement considérables qu'elle a longtemps été considérée comme incompréhensible; or, le moindre abaissement de température la contracte et on connaît l'expérience de l'obus plein d'eau qui éclate à la congélation.

Tout comme pour des diapasons accordés, une molécule vibrante fait vibrer à l'unisson toutes les molécules voisines, et c'est ainsi que dans un appartement bien clos, elles finissent par se mettre toutes à la même température.

La chaleur traverse certains corps dits diathermanes, c'est qu'alors l'éther qui se trouve entre les molécules vibre à l'unisson de l'éther extérieur.

Inutile de dire que les phénomènes de reversibilité se rencontrent dans le cas de la lumière et de la chaleur ; le soleil échauffe la terre, mais celle-ci lui renvoie à son tour des rayons lumineux et calorifiques.

C'est Mayer qui chercha le premier à comparer l'énergie calorifique aux autres énergies, il trouva qu'une calorie est capable d'élever un poids de 425 kilogrammes à un mètre de hauteur, ce que l'on traduit en disant que l'équivalent mécanique de la chaleur est de 425 kilogrammètres ; après Mayer, le Danois Colding et l'Anglais Joule, ce dernier surtout, ont établi la théorie définitive.

GRAVITATION

ATTRACTION UNIVERSELLE

Exposé de la science ancienne et actuelle

Nous abordons ici le problème qui, posé depuis Newton, n'a pas encore été résolu ; nous connaissons bien les lois de la gravitation qui expliquent et permettent de prévoir tous les mouvements célestes, mais les astronomes et les physiciens n'ont pas encore réussi à donner d'explication scientifique acceptable. Newton avouait lui-même n'avoir pas idée de la cause qui poussait les corps les uns contre les autres : on n'est pas plus avancé de nos jours.

Voici comment Newton s'exprime dans son immortel ouvrage des *Principes mathématiques de la philosophie naturelle :*

« J'entends par le mot attraction l'effort que font

» les corps pour s'approcher les uns des autres, soit » que cet effort résulte de l'action des corps qui se » cherchent mutuellement ou qui s'agitent l'un l'au- » tre par des émanations, soit qu'il résulte de l'action » de l'éther, de l'air ou de tout autre milieu corporel » ou incorporel qui poussent l'un vers l'autre d'une » manière quelconque les corps qui y nagent. »

Et ailleurs :

« J'ai expliqué jusqu'ici les phénomènes célestes » et ceux de la mer par la force de la gravitation, » mais je n'ai assigné nulle part la cause de cette » gravitation ; cette force vient de quelque cause qui » pénètre jusqu'au centre du soleil et des planètes » sans rien perdre de son activité, elle agit selon la » quantité de la matière et son action s'étend de toute » part à des distances immenses, en décroissant tou- » jours dans la raison doublée des distances. Je n'ai » pu encore déduire de ces phénomènes la raison de » ces propriétés de la gravité, et je n'imagine point » d'hypothèses. »

Newton se défend et n'admet pas que l'attraction soit due à une sorte de qualité occulte et puisse s'exercer à travers le vide absolu, c'est ce qui ressort de sa troisième lettre à Bentley :

« Penser qu'un corps peut agir sur un autre à dis- » tance à travers un vide, sans l'intermédiaire de » quelque substance par le moyen de laquelle leur » action puisse être transmise de l'un à l'autre, c'est » pour moi une absurdité si grande que je ne crois

» pas que jamais un homme ayant, en matière philo-
» sophique, faculté de penser compétente, puisse
» jamais y tomber. La pesanteur doit être causée par
» un agent agissant constamment d'après certaines
» lois, mais cet agent est-il matériel ou immatériel,
» j'ai laissé aux réflexions de mes lecteurs. »

Cependant Newton a risqué une explication, et chose curieuse, lui qui a refusé d'admettre la propagation de la lumière par l'intermédiaire de l'éther, tente l'explication de la gravitation par ce même fluide.

« Ce milieu, dit-il, dans la question XXI de l'optique, n'est-il pas plus rare dans les corps denses
» du soleil, des étoiles, des planètes et des comètes,
» que dans les espaces célestes vides qui sont entre
» ces corps là? Et en passant de ces corps denses
» dans des espaces fort éloignés, ce milieu ne de-
» vient-il pas continuellement plus dense, et par là
» n'est-il pas cause de la gravitation réciproque de
» ces vastes corps et de celles de leurs parties vers
» ces corps mêmes, chaque corps faisant effort pour
» aller des parties les plus denses du milieu vers les
» plus rares. »

En un mot, l'éther serait plus rare dans les corps célestes que dans les espaces interplanétaires, et d'autant plus rare que ces corps sont plus considérables; d'où, les planètes ont tendance d'aller du plein aux milieux plus raréfiés, c'est-à-dire au soleil.

Malgré que cette idée n'ait rien de métaphysique, les philosophes et mathématiciens contemporains s'élevèrent contre la soi-disant hypothèse de l'action physique à distance, Huyghens et Leibnitz entre autres.

Jean Bernouilli, pour expliquer les mouvements des planètes, revient aux tourbillons de Descartes ; Euler, lui, attribue la gravitation soit à l'intervention d'un esprit, soit à quelque milieu matériel subtil échappant à nos sens, tout en déclarant que la démonstration exacte en est difficile ou impossible. Nous ne pouvons passer sous silence l'opinion de Laplace en pareille matière ; or, voici ce qu'il dit dans son *Exposition du système du monde* :

« Ce principe (la gravitation), est-il une loi pri-
» mordiale de la nature, n'est-il qu'un effet général
» d'une cause inconnue, ici l'ignorance où nous som-
» mes des propriétés intimes de la matière nous
» arrête et nous ôte tout espoir de répondre d'une
» manière satisfaisante à ces questions. » Ainsi Laplace laisse prévoir que la question de la gravitation est liée à la connaissance des propriétés intimes de la matière.

D'Alembert adopte franchement l'action à distance qui dispense d'explications ; plus récemment enfin Secchi, dans son ouvrage de l'*Unité des forces physiques*, déclare « combien il est impossible de conce-
» voir ce qu'on appelle une force attractive au sens
» strict du mot, c'est-à-dire d'imaginer un principe
» actif ayant son siège au sein des molécules et agis-
» sant sans intermédiaire à travers un vide absolu,

» cela équivaudrait à admettre que les corps agissent » l'un sur l'autre à distance, c'est-à-dire là où ils ne » sont pas, hypothèse absurde, également absurde » s'il s'agit de distances énormes ou de petites dis- » tances ».

Friedrich Mohr, Du Bois-Raymond, Balfour, Stewart, P.-A. Tait admettent également l'intermédiaire d'un milieu, et certains physiciens ont imaginé un fluide spécial pour expliquer la gravitation, que Challis attribue tout simplement aux vibrations de l'éther lumineux et calorifique. Mais aucune de ces théories ne saurait satisfaire l'esprit; si on peut comprendre qu'un milieu interposé puisse repousser des corps, il paraît nécessaire qu'il y ait poussée par derrière pour les rapprocher, c'est cette *poussée à tergo* qui a donné lieu à la théorie cinétique de Lesage, dont j'emprunte la description à l'*Astronomie populaire* d'Arago :

« Selon Lesage, il y aurait dans les régions de » l'espace des corpuscules se mouvant suivant toutes » les directions possibles et avec une excessive rapi- » dité; l'auteur donnait à ces corpuscules le nom » d'ultra-mondains et leur ensemble composait le » fluide gravifique, si toutefois la désignation de » fluide pouvait être appliquée à un assemblage de » particules n'ayant entre elles aucune liaison.

» Un corps unique placé au milieu d'un pareil » océan de corpuscules mobiles, resterait en repos » puisqu'il serait également poussé dans tous les

» sens, au contraire, deux corps devraient marcher » l'un vers l'autre, car se faisant écran, leurs surfa- » ces en regard ne seraient plus frappées dans la di- » rection de la ligne qui les joindrait par les corpus- » cules ultramondains. »

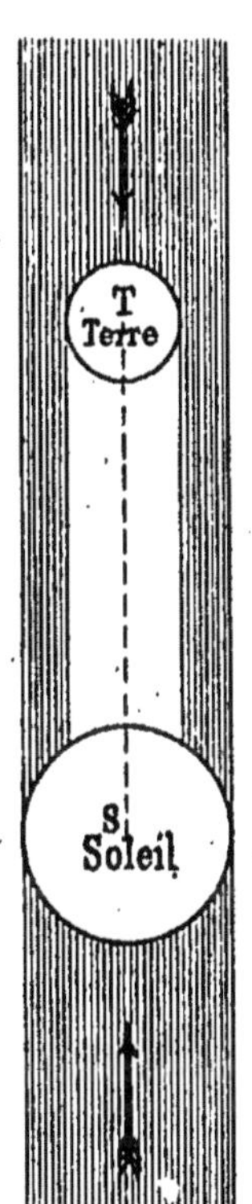

Fig. 9

Ainsi la terre T frappée de tous côtés par ces corpuscules, sauf dans le sens de la ligne S T où le soleil lui ferait écran, s'avancerait vers le soleil et réciproquement.

On a fait une multitude d'objections à ce système ; ainsi la poussée aurait lieu non pas proportionnellement à la masse de la terre, mais à la surface d'un grand cercle. De plus, un corps abandonné à lui-même dans l'intérieur d'un édifice obéit à la gravitation comme s'il était en plein air, tandis que la toiture et les plafonds devraient arrêter les corpuscules ultra-mondains, etc.

Mais si nous ne connaissons pas la nature de la gravitation, pouvons-nous au moins déterminer sa vitesse ; les savants depuis Newton se sont préoccupés de cette question qui ne paraît pas aisée à résoudre ; nous ne pouvons en effet, comme pour la lumière, l'électricité, etc., produire des expériences où nous provoquons à notre gré le commencement et la fin d'un phénomène; au contraire, tous les corps tant célestes que terrestres obéissent à l'attraction universelle, et quand on songe à la délicatesse des procédés qu'il a fallu mettre en œuvre pour mesurer la vitesse de la lumière et de l'électricité où nous disposons de tout, on comprend la difficulté du problème en ce qui concerne la gravitation où nous ne disposons de rien.

Daniel Bernouilli attribuait le retard des marées à la lenteur de la propagation de l'attraction lunaire, on sait aujourd'hui que ce retard est dû à l'inertie de l'eau et au frottement de cette dernière sur le fond et les côtes de la mer. D'autres savants, au contraire, lui ont attribué une propagation presque instantanée; si sa vitesse était comparable à celle de la lumière, disent-ils, la ligne apparente d'attraction de la terre serait située en avant de la place réelle du soleil, et il se produirait un effet analogue à celui de l'aberration de la lumière, qui fait décrire aux étoiles une ellipse de 40" d'amplitude; mais qui prouve qu'il n'en soit pas ainsi? L'aberration a pu être constatée parce qu'on voit les étoiles, mais il n'en saurait être ici de même, car aucun sens spécial ne saurait nous avertir de la gravitation.

Laplace, à un moment, considérait l'accélération graduelle du mouvement moyen de la lune comme due à l'impulsion de la pesanteur, et il en déduisait une vitesse huit millions de fois supérieure à celle de la lumière, mais il reconnut bientôt lui-même que cette accélération était due, en grande partie du moins, à la diminution séculaire de l'excentricité de l'orbite de la terre, et il aboutit à cinquante millions au lieu de huit; or, M. Adams, révisant les calculs de Laplace, reconnut qu'ils étaient erronés. De ce qui précède, on peut donc conclure qu'aujourd'hui encore la vitesse de transmission de la gravitation n'est pas connue.

Plusieurs savants ont fait ressortir que, contrairement à la chaleur et à la lumière, la pesanteur se propage sans réflexion, réfraction ni composition; elle traverse tous les obstacles en ligne droite, et tous les corps sont pour elle transparents; sa nature est donc différente et n'a pas pour origine les vibrations de l'éther. De plus, contrairement encore à toutes les énergies connues, elle ne semble pas s'épuiser et son action paraît incessante et invariable.

Explication de la gravitation

Nous commencerons tout d'abord par définir la masse d'un corps ; pour cela, il nous suffira de rappeler les lois de l'attraction universelle, telles que les a énoncées Newton. *L'attraction est proportionnelle aux masses et inversement proportionnelle aux carrés des distances.* De ce fait que l'attraction est proportionnelle à la masse, il résulte que *la masse d'un corps n'est autre chose que sa puissance attractive ;* la masse serait double si la puissance d'attraction était double, et qu'il s'agisse de la lune ou d'une simple pierre, la chute vers la terre sera la même à distance égale. Nous n'avons nul besoin d'ailleurs de nous inquiéter de la quantité de matière, si une masse double contient deux fois plus de matière, ni si un mètre cube de fer en contient plus qu'un mètre cube de marbre. Il ne saurait être question de mesurer les masses autrement que par comparaison ; ainsi, en prenant pour unité la masse de la terre, on dit que celle de Jupiter est de trois cent dix, uniquement parce que les perturbations que produit cette planète sont trois cent dix fois plus considérables.

C'est seulement lorsque les astronomes ont eu découvert les effets attractifs réciproques des étoiles doubles qu'on a pu déterminer leur masse; si nous voulons donc conserver au mot masse toute sa netteté, il ne faut pas la définir autrement que : la puissance attractive d'un corps comparée à celle d'un autre corps prise pour unité.

Ce que nous venons de définir, c'est la masse astronomique; or, en physique, on emploie ce terme dans un sens différent qu'il nous faut indiquer pour éviter toute confusion. Un poids d'un kilogramme tombe à Paris avec une accélération de $9^{m}80$; au pôle, en raison de l'aplatissement de la terre, ce poids sera supérieur à un kilogramme, mais son accélération sera aussi plus forte, et de telle sorte que le rapport du poids à l'accélération restera constant; il en serait de même si le poids était transporté à la distance de la lune. C'est ce rapport constant $\frac{p}{g}$ qui est appelé masse en physique, et qui devrait seul être considéré dans les calculs relatifs à la physique, quoique par abus on prenne souvent le poids seul comme représentant de la masse.

Mais même pris dans le sens du rapport du poids à l'accélération, qui ne voit le danger ou tout au moins la confusion d'une pareille définition; il est bien vrai que la masse des physiciens paraît aboutir, en somme, à la masse astronomique, du moins pour les petits volumes, et qu'un poids de fer double jouira d'une faculté attractive double, comme le montre la balance de Cavendish; mais le fait de faire dépendre la masse d'un corps d'une attraction étrangère, alors qu'elle ne doit dépendre que de sa propre puissance attractive, est de nature à jeter du trouble dans les esprits. Répétons donc encore que la masse astronomique d'un corps n'est autre chose que *sa puissance d'attraction*.

En traitant de la matière, nous avons exposé qu'elle se composait d'atomes réunis par l'affinité pour former des molécules, et que ces dernières elles-mêmes réunies par la cohésion formaient les corps; nous avons expliqué aussi que ces molécules ne se touchent pas, qu'elles se trouvent pour ainsi dire noyées dans l'éther et que, dans cette situation, leur stabilité exigeait qu'elles fussent animées de mouvements de rotation très rapides. Nous rappellerons encore, pour mémoire, qu'en plus des mouvements rotatoires les molécules sont animées de mouvements vibratoires produisant la chaleur, la lumière et les rayons chimiques qui vont se reproduire fidèlement à distance par le moyen d'ondes sphériques éthérées.

Mais si nous avons pu reconnaître la source, ou plutôt le mode de production de ces dernières énergies, nous sommes, par contre, restés ignorants des causes de l'affinité, de la cohésion, de l'électricité, du magnétisme, de la gravitation, énergies ayant toutes un caractère commun, car elles impliquent un rapprochement des corps ; or, si nous comprenons qu'un milieu interposé puisse par pression ou dilatation éloigner des corps, nous n'imaginons pas qu'il puisse les rapprocher, il faudrait pour cela, comme nous l'avons dit, une sorte de poussée ou un mouvement *de progression* dans un milieu résistant, analogue à celui du poisson dans l'eau ou de l'oiseau dans l'air.

Prenons une simple molécule : nous ignorons sa forme qui est peut-être variable d'un corps à un autre ; mais si nous considérons qu'un cristal subdivisé à l'infini nous donne toujours un cristal semblable, nous serons amenés à reconnaître que la molécule a une forme géométrique. En tout cas, si la forme sphérique s'explique et s'impose par les effets même de la gravité, pour tous les corps soustraits à toute autre influence, il ne saurait en être de même pour l'atome ou la molécule élémentaires.

Cet atome ou cette molécule irréguliers, faisons-le tourner dans l'eau : les irrégularités ou les aspérités de sa surface paraîtront, de prime abord, pouvoir agir de deux façons : à la façon d'une roue à palettes ou à la façon d'une hélice qui, toutes deux, engendreront une propulsion. Mais le premier mode le laissera en repos, et voici pourquoi : une roue à palettes qui commande un bateau, par exemple, n'avance qu'à la condition de plonger en partie dans l'eau ; si elle était complètement immergée, dans quelque sens qu'elle tournât, elle resterait immobile ;

la palette *a* la dirigerait, en effet, dans le sens de la flèche A, mais la palette opposée *b* la dirigerait dans le sens opposé B, chaque point de la roue ayant ainsi son antagoniste qui la maintiendrait au repos. Une seule palette produirait d'ailleurs le même effet d'avancement en A, de recul en B, qui ne sauraient engendrer que des vibrations, et peut-être est-ce là une des causes des vibrations moléculaires, si intimement liées aux rotations. L'hélice, au contraire, ne fonctionne que noyée ; dès lors, la molécule tournant produirait suivant son équateur une force centrifuge amenant l'écartement des molécules et, dans le sens perpendiculaire ou dans la ligne des pôles, une propulsion dans un sens ou dans l'autre,

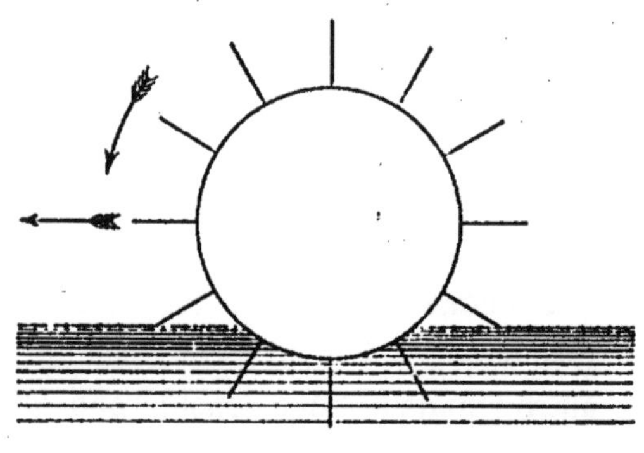

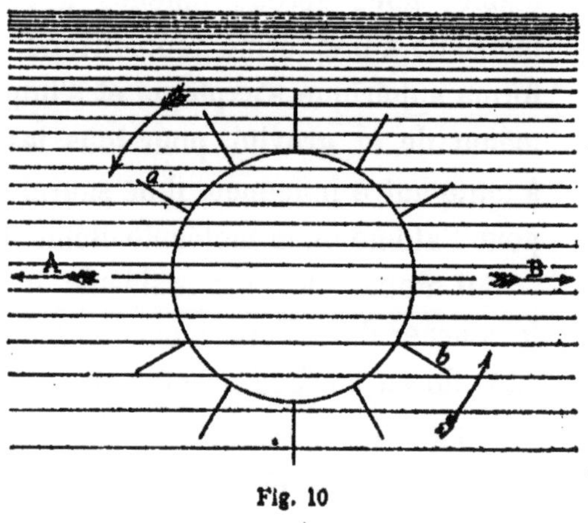

Fig. 10

à la seule condition qu'elle ne fût pas absolument symétrique. Le même effet se reproduirait dans un milieu résistant quelconque et, dès lors, pour une molécule tournant dans l'éther, il se passera, comme pour l'hélice dans l'eau, les deux choses suivantes :

1° La molécule avancera.

2° Elle créera autour d'elle une agitation en forme d'ondes hélicoïdales sans déplacement d'éther, qui, se propageant sphériquement en raison inverse du carré des distances, suivant la loi reconnue précédemment, iront provoquer au loin des rotations semblables suivant la loi de reversibilité. Un atome isolé sera donc animé d'un mouvement de rotation et de propulsion très rapides, suivant d'ailleurs la théorie des savants cinétistes.

Au lieu d'une molécule, mettons-en deux en présence ; que se passera-t-il ? La première molécule tourne suivant un certain équateur A ; elle émet des ondes hélicoïdales qui, si la distance n'est pas trop considérable, vont atteindre la molécule B ; sous cette impulsion, et suivant le degré de puissance de l'onde, deux choses vont se passer.

Mais, tout d'abord, on nous permettra de poser un principe, à savoir que les points d'onde d'égale influence doivent agir également sur toutes les parties d'un corps semblablement situées. Les parties d'onde d'égale influence sont des surfaces sphériques, mais je m'explique par un exemple.

Supposons un tambour de basque légèrement suspendu au plafond d'une pièce ; dans cette pièce, un instrument de musique en accord avec le tambour de basque : si ce dernier est placé perpendiculairement à l'onde, il ne vibrera pas ; il vibrera, au contraire, s'il est placé tangentiellement, et dès lors, s'il est soustrait à toute autre influence, il viendra se placer de lui-même dans cette dernière position, sous la seule sollicitation de l'onde.

Ici la molécule B, si elle est isolée, est le tambour de basque, son équateur est la zone de points également situés et figure la membrane, non pas qu'il divise symétriquement la molécule, mais parce qu'il ramène des trillions de fois par seconde tous les points dans une situation identique. Donc, l'équateur venant se placer tangentiellement à l'onde, la ligne des pôles suivant laquelle se produit la progression prendra la direction de la ligne des centres AB, et, dès lors, les deux effets annoncés plus haut seront les suivants :

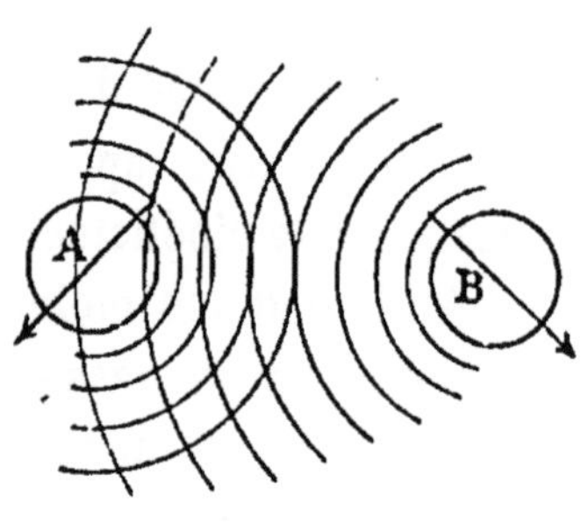

Fig. 11

1° Si la rotation de B est trop faible, elle s'augmentera pour se mettre à l'unisson de celle de A, en raison inverse du carré des distances.

2° La ligne des pôles de B s'inclinera vers A normalement aux ondes émises, c'est-à-dire suivant la ligne des centres.

Inversement, la molécule B aura le même effet sur la molécule A, de sorte que A et B marcheront l'une vers l'autre, étant animées de *rotations inverses* ou de *nom contraire*.

C'est là, je pense, tout le secret de la gravitation, et l'on pressent déjà le parti qu'on en pourra tirer vis-à-vis de toutes les énergies attractives. Notre explication ne fait intervenir, remarquons-le bien, que le mode de constitution de la matière et une résistance de l'éther presque universellement admise.

S'il y avait deux molécules en A, la puissance des ondes ou l'attraction sur B serait double, et la masse de A serait dite double, donc :

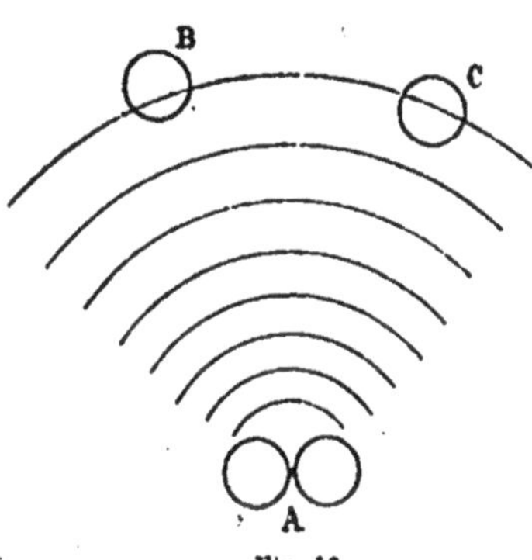

Fig. 12

1° *L'attraction varie proportionnellement à la masse attirante.* Si en C il y a une nouvelle molécule, elle sera impressionnée à l'égal de B, une troisième de même, et ces trois molécules, au lieu d'être éparses, peuvent être groupées sans que le résultat en soit changé ; nous retrouvons ainsi une autre loi de la gravitation.

2° L'attraction est indépendante de la masse attirée ; la lune à distance égale sera attirée de la même façon qu'une plume.

Quant à l'attraction en raison inverse du carré des

distances qui résulte de l'observation, elle indique tout simplement que le mode de propagation se fait par le moyen des ondes sphériques. Donc, pas n'est besoin d'imaginer un milieu différent de celui de l'éther; ce dernier suffit à la condition de présenter un point d'appui. La différence des ondes d'avec celles de la lumière et de la chaleur consiste en cela seul que les ondes gravifiques sont hélicoïdales.

Mais la vitesse de propagation? Il est probable que c'est celle de l'électricité avec laquelle la gravitation a de si nombreux points de ressemblance, comme nous le verrons plus loin, c'est-à-dire trois cent mille kilomètres par seconde, tout comme pour la lumière d'ailleurs.

Examinons maintenant ce qui se passera vis-à-vis d'un ensemble de molécules, de la terre par exemple. La molécule A émet des ondes, B également; les deux ondes conjuguées agiront alors comme une résultante d'énergie double, dont le point d'application sera le centre de gravité C; une troisième molécule D agira de même, et ainsi de suite.

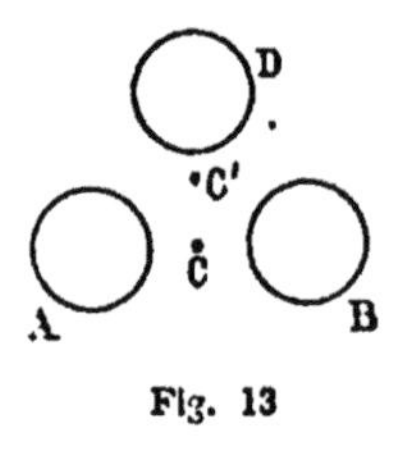

Fig. 13

Le centre de gravité de la terre n'est donc autre chose que le point d'application de la résultante de toutes les ondes émises par les molécules qui la constituent et, au regard des corps extérieurs, la terre agit comme si l'ensemble de ses molécules était ramassé à ce centre.

La terre dévie donc vers son centre, et proportionnellement à sa masse, toutes les molécules avoisinantes, aussi bien celles qui peuplent l'espace dans sa sphère d'action, que celles qui sont à sa surface ou dans sa profondeur.

Fig. 14

Considérons à présent la lune isolée : ses molécules, comme celles de la terre, seront dirigées aussi vers son centre de gravité, et elle restera en repos d'autant que, comme pour la terre, cet état d'équilibre date de la formation même de la lune; mais dès qu'elle se trouvera en présence de la terre, les choses vont changer : l'onde gravifique terrestre venant l'atteindre communiquera tout d'abord à ses molécules un mouvement rotatoire égal à celui des molécules terrestres, diminué en raison inverse du carré des distances si elles ne le possèdent déjà; mais cet effet est nul en l'espèce, comme d'ailleurs pour tous les corps de notre système solaire, ainsi que le prouve le calcul de leurs masses.

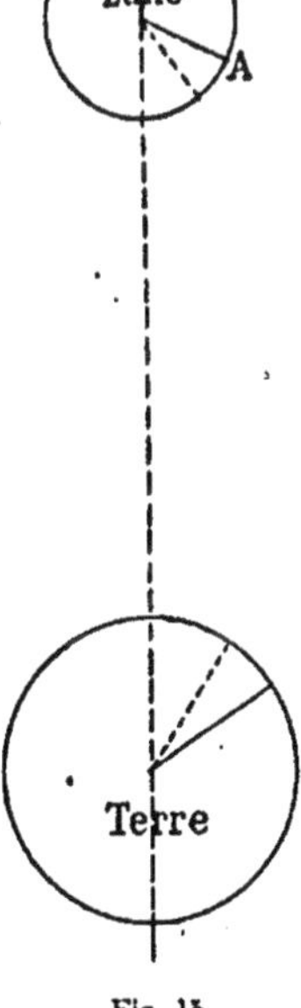

Fig. 15

Le second effet des ondes terrestres sera de dévier les molécules de la lune, qui se trouvent suspendues comme par le moyen de légers ressorts, au milieu des molécules environnantes.

Cette déviation aura lieu dans le sens de la progression vers la terre en A, de sorte que la résultante des progressions, qui était primitivement nulle et dirigée vers le centre de la lune, se trouvera dirigée vers la terre avec une intensité dépendant de l'onde attractive ; chaque molécule de la lune sera donc attirée proportionnellement à la masse entière de la terre ; et remarquons bien que notre raisonnement n'implique nullement une égalité de forme dans les molécules ou dans leurs mouvements rotatoires. Si la rotation d'une molécule est faible, son inclinaison sera plus grande : elle sera proportionnelle à l'attraction, voilà tout.

Pour mieux expliquer ma pensée, je suppose deux ressorts, K L, de forces différentes, fixés à une de leurs extrémités ; je suspends à l'autre extrémité de chacun d'eux un poids d'un kilogramme : si K est plus faible que L, il s'infléchira davantage ; si K est dans la direction de la pesanteur, il ne sera pas infléchi du tout ; s'il lui est perpendiculaire, il s'infléchira au maximum. Dans tous les cas donc, la flexion sera celle correspondant à un kilogramme ; c'est ce qui explique qu'avec des rotations ou tensions diverses, les molécules d'un corps, qu'il soit gazeux, liquide ou solide, qu'elles soient prises à l'intérieur d'un corps ou à sa surface, sont également sollicitées vers la terre. Donc pour la lune, chaque molécule s'infléchira d'une quantité plus ou moins grande,

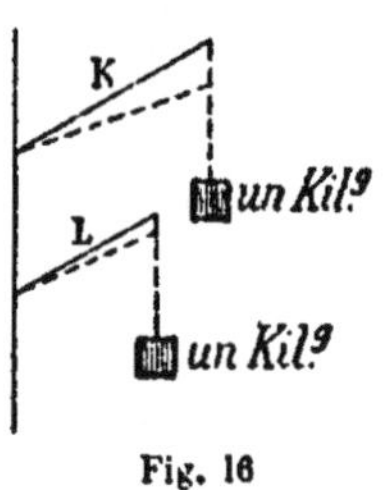

Fig. 16

mais correspondant à la valeur de l'onde attractive. La molécule A, par exemple, s'infléchira plus que la molécule B qui aura un bras de levier moindre.

Les choses se passeront pour cent molécules comme pour une seule, et l'attraction sera simplement proportionnelle à la masse de la terre.

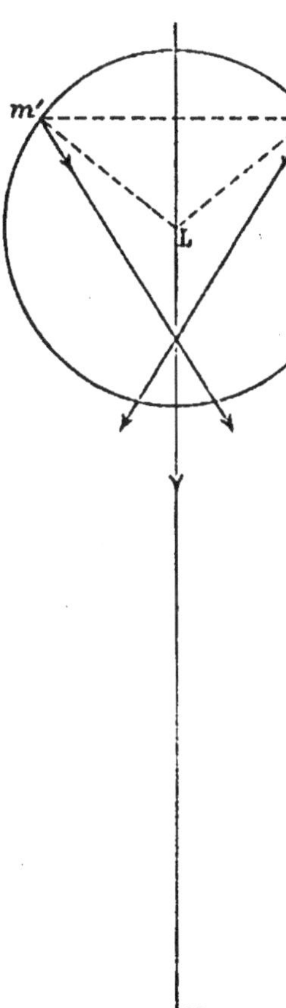

Fig 17.

La lune, de son côté, agira de même sur la terre, et l'attraction sera alors proportionnelle à la puissance attractive ou à la masse de la lune ; mais la terre n'est pas soumise qu'à l'influence de la lune, le soleil la sollicite aussi en déviant vers lui ses molécules ; son attraction se composera donc avec celle de la lune.

En parlant de l'attraction de la terre sur la lune, nous avons dit plus haut que les molécules primitivement dirigées vers le centre de la lune sont légèrement déviées vers la terre, ce qui occasionne une attraction dans le sens de cette dernière ; cet effet peut paraître évident, mais comme nous avons à cœur de ne rien laisser dans l'ombre, nous allons faire toucher du doigt la fatalité de ce résultat.

De par sa formation même, toutes les molécules de la lune peuvent être considérées comme symétriquement distribuées autour de son centre de gravité. Soit T la terre. Par rapport à la ligne des centres L T, chaque molécule lunaire a en face d'elle une molécule semblablement placée ; ces deux molécules sont aussi également distantes de la terre. Donc semblablement inclinées sur la ligne L T avant toute attraction, elles le seront encore après, et la composante des attractions qui primitivement se faisait et s'annulait au centre L, sera cette fois dirigée suivant L T. Le corps attiré serait irrégulier ou hétérogène que l'effet produit serait encore le même.

Mais revenons à la terre supposée obéir à la lune seule : la terre tournant sur elle-même, la position respective de ses molécules change sans cesse ; aussi prennent-elles à chaque instant une inclinaison nouvelle, de telle sorte que leur tension reste toujours en rapport avec l'attraction qui les sollicite.

On peut se demander comment il se peut faire que les molécules de l'intérieur d'une planète par exemple, se mouvant dans un éther confiné, puissent prendre sur lui un appui suffisant pour progresser ; nous n'avons, pour le comprendre, qu'à nous rappeler ce qui se passe dans un banc de harengs ou une nuée de sauterelles : les harengs et les sauterelles du centre n'avancent-ils pas aussi rapidement que ceux des ailes, malgré le peu de fluide qui les entoure. Toutefois, ce qu'il en faut conclure, c'est que, de par leur forme en hélice, les ondes gravifiques doivent posséder une puissance de pénétration considérable quoique s'amortissant beaucoup plus vite que les ondes lumineuses.

Les corps célestes offrant presque tous de grande masses, les ondes qu'ils émettent ont donc une puissance considérable, non seulement de propagation mais de pénétration des corps. Le soleil, les étoiles, les planètes, etc., sont depuis un temps infini sous l'influence des mêmes ondes qui constituent leur milieu gravifique, comme l'air constitue le milieu ambiant où nous vivons.

Prenons par exemple un corps situé à une certaine hauteur, il tombe avec une vitesse déterminée, interposons entre lui et la terre une plaque de forte épaisseur, sa chute n'en sera pas troublée, c'est que la plaque est soumise elle-même à la loi de la gravitation, elle fait pour ainsi dire partie de la terre, dont elle accroit simplement la masse.

Une objection redoutable peut être faite à la gravitation au cas où elle serait due à des ondes, à savoir que l'énergie qu'elle disperse sans cesse autour d'elle aurait vite fait d'épuiser la réserve contenue dans les corps, mais c'est l'objection qui est faite à la chaleur que le soleil rayonne également sans récupération visible ; or, nous prétendons que chaleur et gravitation sont solidaires, qu'elles sont nées et s'affaiblissent ensemble, et s'il en est ainsi comme nous espérons le démontrer, la puissance attractive d'un corps ou sa masse serait fonction de sa chaleur, et c'est ce qui expliquerait que les planètes supérieures qui sont les plus refroidies aient une masse quatre fois plus faible en moyenne que la terre, eu égard à leur volume, et que la masse, ou pour mieux dire la densité de l'intérieur de cette dernière, soit deux fois plus forte que celle de sa surface; c'est là plutôt que dans la quantité de matière, comme on le fait encore communément, qu'il faut chercher le secret de l'affaiblissement des masses avec leur éloignement du soleil. Il y a tout autant de matière, ou tout au moins de molécules, aujourd'hui qu'il y a des millions d'années, dans Jupiter, mais sa masse et sa température se sont considérablement affaiblies.

La puissance attractive d'un corps serait donc destinée à s'éteindre avec sa chaleur; c'est d'ailleurs ce que reconnaît Laplace dans son exposition du *Système du monde*, lorsqu'il dit que « la masse du » soleil doit s'affaiblir sans cesse par l'émission con- » tinuelle de ses rayons ».

Et dans ses *Essais sur la philosophie des sciences*, où il explore de si lumineuse façon les hauts sommets de la science, M. de Freycinet s'exprime ainsi :

« Plus on médite sur les effets de la gravitation » universelle, moins on s'explique sa proportionna- » lité aux masses. Si la gravitation procédait de » la matière elle-même, en était pour ainsi dire

» une émanation directe, on comprendrait jusqu'à un » certain point qu'elle fut proportionnée à la masse, » mais alors elle devrait, semble-t-il, s'affaiblir peu à » peu avec le temps, comme les radiations calorifiques » et lumineuses qui s'éteignent progressivement. »

Nous sommes comme on l'a vu tout à fait d'accord avec M. de Freycinet, car nous pensons que la gravitation doit s'affaiblir comme les autres énergies ; mais nous ne partageons pas son étonnement pour ce qui concerne la proportionnalité de la gravitation aux masses, par ce motif que c'est précisément la puissance attractive à laquelle nous donnons le nom de masse, indépendamment de toute quantité de matière.

Les ondes gravifiques émises par le soleil sont, avons-nous dit, loin d'avoir la même puissance de propagation dans l'éther que la lumière, elles ne dépassent guère, en effet, les limites de notre système solaire, c'est-à-dire celle de la nébuleuse primitive, ce qui tient sans doute à leur forme hélicoïdale, alors que les ondes lumineuses qui sont droites nous permettent d'apercevoir des étoiles des millions de fois plus éloignées.

Résumons-nous en quelques mots. La gravitation est due à la rotation hélicoïdale des atomes ou molécules qui produit une translation dans l'éther ; sans rotation pas de gravité, les corps seraient sans poids, sans chaleur, sans couleur, car les vibrations n'existeraient pas non plus et partant la lumière. Que serait la matière ainsi dépouillée de ses attributs ? Mais serait-ce encore de la matière ? Que dis-je, l'intégration elle-même des atomes existerait-elle ?

Ce qui caractérise la matière, c'est en effet le mouvement des atomes bien plus que les atomes eux-mêmes centres de ces mouvements : ils pourraient même dans une certaine mesure n'être, suivant les idées de Leibnitz, que des points mathématiques simples centres d'application des énergies, et l'on se reporte involontairement à la définition de ce philosophe mathématicien : « La matière est un agrégat de forces, un composé de points métaphysiques ou de monades. » Mais nous tombons ici dans la métaphysique que nous nous sommes interdit d'aborder.

En résumé, contrairement aux idées reçues, nous estimons que la masse d'un corps dépend moins du nombre des molécules que de leur vitesse de rotation. Nous pensons en outre que ce sont les mouvements moléculaires qui créent non seulement les divers états de la matière : liquide, solide, gazeux, ce que nous savons déjà, mais encore et sans doute les atomes des corps simples, c'est-à-dire la matière elle-même par le moyen d'une agrégation d'atomes éthérés primordiaux.

Toutes les énergies mettant en jeu les attractions et les répulsions sont de même nature que la gravitation ; nous allons les passer successivement en revue, en commençant par celles qui constituent la matière elle-même.

Cohésion et affinité

En exposant notre théorie de la gravitation, nous avons avancé cette idée, que de même que l'ensemble des ondes émises par les molécules d'un corps produit sa masse, de même chaque onde isolée produit la cohésion qui n'est par conséquent que l'infiniment petit de l'attraction universelle. L'affinité à son tour serait un infiniment petit de second ordre; ces vues sont d'ailleurs celles de savants des plus éminents, car dès 1803, Bertholet affirmait que l'affinité chimique et la gravitation sont des manifestations différentes d'une seule et même propriété de la matière (*Essai d'une statique chimique*).

D'autre part, Wurtz, dans son ouvrage de la *Théorie atomique,* s'exprime ainsi : « Les atomes s'attirent » les uns les autres, et cette attraction atomique est » l'affinité, c'est sans doute une forme de l'attraction » universelle, mais elle en diffère par la raison que, » si elle obéit à l'influence de la masse, elle dépend » aussi de la qualité des atomes ». Et plus loin : « L'affinité a formé les molécules, les molécules

» qui forment les corps conservent leurs positions » respectives et sont comme orientées et enchaînées » les unes à l'égard des autres, quoique chacune ait » son orbite et une certaine liberté d'allures ; c'est » la cohésion qui maintient les molécules dans leurs » sphères, c'est l'affinité qui maintient les atomes » dans les limites plus étroites de la molécule, mais » qui sait? Au fond ces forces sont peut-être de » même nature. »

En somme, la cohésion paraît être produite par les molécules dont l'attraction est dirigée vers le centre de gravité du corps, et ces attractions sont de même sens.

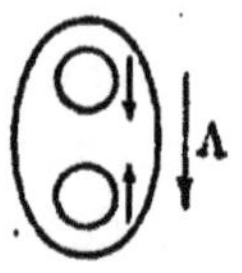

Dans les molécules A et B, au contraire, l'affinité réunit les atomes, et dans ces derniers, les attractions sont de sens contraire; les atomes cherchent donc à se réunir, mais la force centrifuge maintient leurs distances, de même qu'elle maintient aussi celle des molécules.

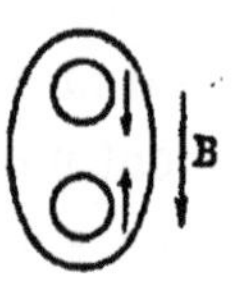

Centre de gravité

Fig. 18

La cohésion dépend de la physique, car elle ne change en rien la nature des corps, puisqu'elle se borne à agglomérer des molécules de même nature. L'affinité est du ressort de la chimie, car elle réunit des atomes de nature différente ou de même nature, mais d'une façon si intime qu'elle en change le caractère; d'ailleurs la différence de sens des progressions suffit à constituer une différence capitale entre la molécule et les atomes composants.

La cohésion ne fait que superposer les atomes, tandis que l'affinité donne lieu à une sorte de pénétration, ce qui explique qu'elle s'exerce de préférence entre atomes ou corps de nature différente ; cette quasi-pénétration se manifeste d'ailleurs par la condensation de plusieurs gaz au moment de la combinaison.

Lorsque l'affinité est mise en jeu, c'est pour rétablir un équilibre rompu ou se mieux mettre en harmonie avec un milieu nouveau ; l'étude des phénomènes de la cristallisation nous apporte à cet égard de curieuses révélations. Tout le monde sait que lorsqu'on subdivise un cristal à l'infini, les plus faibles fragments conservent la forme primitive ; on en a conclu que c'était la forme de la molécule, mais la preuve restait à faire.

Un savant courageux, doué d'une remarquable pénétration, s'est appliqué quarante ans à l'étude des formes cristallines et, en 1873, il a consigné ses recherches dans un petit ouvrage modestement intitulé : *L'Architecture du monde des atomes*, rempli d'idées neuves qui, pour la plupart, se sont imposées depuis.

Partant de l'oxyde de fer magnétique qui cristallise en octaèdre régulier, et dont la formule Fe^3O^4 était connue de façon indiscutable, Gaudin a recherché quelle disposition pouvaient bien affecter les sept atomes pour former une molécule sans contrevenir aux lois de l'équilibre, et il a trouvé la suivante : les quatre atomes d'oxygène formant un carré, au centre un atome de fer, les deux autres au-dessus et au-dessous sur la perpendiculaire au plan du carré, on obtient ainsi les sommets et le centre d'un octaèdre régulier, forme cristalline de l'oxyde de fer magnétique, aucune autre disposition des atomes, dit l'auteur, ne peut être imaginée.

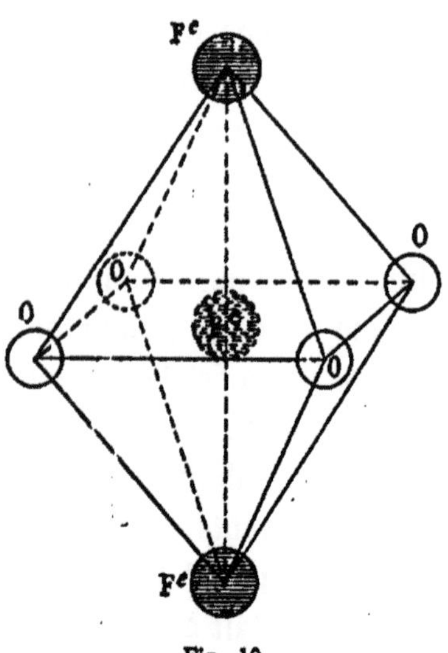

Fig. 19

Gaudin a ainsi reconstitué les formes cristallines de corps à molécules très compliquées; il a pu rectifier nombre de formules chimiques, et c'est ainsi qu'il a reconnu, quarante ans avant les chimistes, que l'acide silicique, d'après la forme de ses cristaux, avait pour formule non pas SiO^3, mais SiO^2.

Enfin il a le premier formulé cette règle, admise aujourd'hui dans la notation atomique et dans l'enseignement, que *dans toute combinaison, les atomes des corps composants se mettent en commun pour s'équilibrer à nouveau et former invariablement un polyèdre géométrique symétrique.* Ainsi dans le sulfate de potasse, l'acide sulfurique et la potasse disparaissent, tout l'oxygène se groupe à part, de même le soufre et le potassium, et ainsi s'explique que le corps résultant ne ressemble nullement aux composants.

La découverte de Gaudin nous montre encore que si une molécule peut grouper ses atomes en équilibre de deux façons différentes, elle pourra revêtir de même deux formes géométriques différentes, et le corps sera dimorphe. Si deux molécules ont une composition semblable, quoique non formées des mêmes atomes, le système cristallin sera semblable, les deux corps seront isomorphes et pourront se substituer l'un à l'autre dans une même combinaison.

Dans les cristaux, les atomes peuvent être remplacés en tout ou en partie par des molécules, d'eau notamment, sans que rien soit changé à la marche générale, ce qui prouve bien le peu de différence qui existe entre la molécule et l'atome, qui n'est sans doute lui-même qu'une molécule de second ordre. Ses recherches ont amené Gaudin à conclure que les dimensions de l'atome étaient de un cent millionième de millimètre.

Le fait primordial de la cristallisation, c'est que tout comme un animal d'une espèce donnée, chaque molécule a sa forme propre.

Les molécules se forment avec une vitesse excessive, les secondes sont pour elles des siècles ; ainsi si dans un vase contenant du sulfate d'alumine, on verse du sulfate de soude en ayant soin d'agiter constamment, dès que le liquide est au repos, on voit se former et grossir à vue d'œil des cristaux d'alun ; ce sont des trillions de molécules qui se sont ainsi formées par seconde.

Les molécules de certains corps ne contenant pas les éléments nécessaires pour s'équilibrer restent à l'état amorphe, tel le carbonate de soude en poudre, mais qu'on leur fournisse de l'eau, et dès lors un cristal symétrique va se former ; l'eau ne quittant pas d'ailleurs sa forme d'eau, est dite alors eau de cristallisation.

Cette petite digression nous a suffisamment, je pense, fait comprendre en quoi consiste l'affinité, sinon quant à sa cause que nous avons examinée plus haut, du moins quant à ses effets.

Sous l'influence de la chaleur, nous avons vu en étudiant cette énergie, que les rotations et les forces centrifuges s'accentuant, les molécules s'écartent et les corps passent de l'état solide à l'état liquide, et de celui-ci à l'état gazeux. Dans le passage de l'état liquide à l'état solide, des phénomènes se montrent quelquefois, en apparence contradictoires, ils sont dus à l'antagonisme des effets produits par la rotation des molécules, d'une part énergie centrifuge travaillant à l'écartement, d'autre part énergie hélicoïdale travaillant au rapprochement ; généralement un liquide se contracte en passant à l'état solide, parce que l'énergie centrifuge a diminué, mais quelquefois aussi il se dilate, comme dans la glace ; cela tient alors à ce que, eu égard à la vitesse de rotation, l'énergie attractive a diminué plus que l'énergie répulsive. La dilatation n'est pas d'ailleurs la conséquence nécessaire d'une élévation de température ; ainsi l'argile chauffée aux températures les plus élevées ne cesse de se contracter ; la chaleur contracte aussi le bois. Dans ces cas, la rotation supplémentaire des molécules a pour effet d'augmenter la cohésion.

Après l'état solide, la matière ne prendrait-elle pas un autre état, si on abaissait suffisamment sa température ? Nous n'en avons nulle idée. Tout ce que nous savons à cet égard, c'est qu'un corps très froid devient cassant, ce qui indique un affaiblissement de la cohésion ; il paraît probable en effet que les mouvements rotatoires s'affaiblissant, la cohésion doit diminuer en même temps que la masse.

Pour mettre en jeu la cohésion, il est nécessaire que les molécules soient assez rapprochées pour qu'elles entrent dans l'influence de leurs ondes respectives. Ce rapprochement pourra s'obtenir de diverses manières, par la compression notamment, et c'est ainsi que l'on peut agglomérer des corps en poudre. La compression suffit de même à liquéfier les gaz.

Phénomènes chimiques

C'est encore ici un chapitre d'affinité. La chimie n'est d'ailleurs, à proprement parler, que la physique des infiniment petits, la physique des atomes ; elle doit donc s'expliquer par les mêmes moyens que les énergies physiques, et par la même cause, notre mouvement rotatoire hélicoïdal de l'atome.

Pour préciser, étudions sur quelques exemples la façon dont peuvent se produire les combinaisons chimiques. Nous savons qu'une étincelle électrique, qui jaillit dans un mélange d'oxygène et d'hydrogène, produit la combinaison de ces deux gaz. C'est ici l'affinité qui a été mise en jeu et, d'après nos vues, cette affinité est le résultat des mouvements rotatoires hélicoïdaux des deux atomes, et ici je m'explique.

Dans un corps quelconque, deux atomes ou molécules se trouvent à une certaine distance, ils tournent très rapidement en émettant des ondes ; ces ondes peuvent avoir un champ trop restreint pour s'influencer réciproquement avec une énergie suffisante, mais que par un moyen quelconque nous arrivions à augmenter les rotations et les atomes qui jusqu'alors n'obéissaient qu'à la cohésion (voir : Cohésion) s'uniront entre eux ; si toutes autres causes sont favorables, la cohésion sera devenue affinité.

Mais revenons à notre mélange d'oxygène et d'hydrogène. Comment le passage de l'étincelle a-t-il pu produire ces rotations énergiques des atomes ? Nous verrons en parlant de l'électricité que l'étincelle laisse écouler un jet d'éther animé d'un mouvement très rapide ; or, cet éther produit sur les atomes des deux gaz le même effet qu'un courant d'eau sur une hélice ; il leur imprime une rotation supplémentaire et les rend aptes à se combiner. Dans l'air, cette même étincelle produit une combinaison des atomes d'oxygène entre eux, c'est-à-dire de l'ozone, que l'on sait aujourd'hui être une véritable combinaison, contractant l'oxygène dans le rapport de 3 à 2.

Or l'affinité n'est que relative, et ce que l'électricité statique a fait, l'électricité dynamique peut le défaire. Nous savons en effet que deux électrodes trempées dans l'eau décomposent cette dernière ; mais c'est alors que les ondes émises par les électrodes dont les molécules tournent en sens contraire, étant plus puissantes que celles qui produisent l'affinité, cette dernière est rompue, et les atomes des deux gaz vont rejoindre respectivement chacune des électrodes. C'est par le même mécanisme que, dans la galvanoplastie, le métal d'un sel va se déposer au pôle négatif.

Autre exemple. Trempons une lame de zinc dans de l'acide chlorhydrique formé d'un atome de chlore combiné à un atome d'hydrogène, la rotation des atomes de zinc s'adaptant mieux au chlore que celle de l'hydrogène, celui-ci sera déplacé et mis en liberté, et c'est même un procédé de fabrication de ce gaz.

Les combinaisons ne se manifestent pas toujours par les mêmes effets, ces derniers paraissent même quelquefois opposés; ainsi les unes produisent de la chaleur, d'autres du froid. Cherchons à expliquer ces apparentes anomalies.

Lorsque des atomes, en se combinant, produisent de la chaleur ou de l'électricité, c'est que le résultat aboutit à une rotation moindre des atomes constituants A B, compensée par des rotations ou des vibrations plus rapides de la molécule résultante C, sources à leur tour de chaleur, de lumière ou d'électricité, et c'est de cette façon que l'électricité est produite par les piles, comme nous le verrons dans le chapitre Electricité.

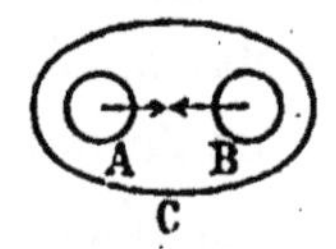

Fig. 20

Un abaissement de température résultera au contraire de la combinaison si la rotation des atomes est plus forte après qu'avant la combinaison, car l'énergie vibratoire ou rotatoire de la molécule résultante en sera diminuée.

Les combinaisons qui produisent de la chaleur

ou *exothermiques* sont stables et peuvent se manifester dans les conditions ordinaires de température. Mettons par exemple du potassium dans de l'eau : son affinité pour l'oxygène est telle que l'hydrogène est mis en liberté, et la chaleur de combinaison suffit à l'enflammer; or, quoi de plus stable que la potasse. Au contraire des précédentes, les combinaisons *endothermiques,* c'est-à-dire produisant du froid, sont instables ; elles peuvent même déflagrer au contact d'une simple barbe de plume, comme le chlorure d'azote. Cette instabilité est due à ce que le corps détient une rotation supérieure à celle du milieu ambiant, et que la moindre cause l'incite à restituer.

La lumière elle-même suffit à produire des combinaisons lentes ; nous connaissons son action dans la vie des plantes et la production de la chlorophyle sous son influence ; mais la chimie minérale nous en fournit aussi des exemples : dans un flacon contenant un mélange de chlore et d'hydrogène, la lumière finit par opérer la combinaison. On sait que pour préserver les sels photographiques d'argent, il faut les mettre à l'abri du jour, surtout des rayons ultraviolets. Ce sont, en effet, ces rayons qui jouissent de la plus grande activité chimique ; la cause en est que ce sont eux qui sont doués des vibrations les plus rapides, et que ces vibrations se transforment dans certaines circonstances en rotations hélicoïdales, causes de l'affinité.

Ce sont donc les ondes d'éther, et non l'objet lui-même, qui provoquent la décomposition des sels d'argent et produisent l'image photographique ; si donc on pouvait provoquer des ondes appropriées en dehors de toute réalité objective, on obtiendrait le même résultat.

On conçoit que les affinités diffèrent entre les divers atomes, que le chlore, par exemple, s'allie facilement à l'hydrogène et mal à l'azote, car les molécules s'accordent bien dans le premier cas, mal dans le second, peut-être même leurs formes ne sont-elles pas étrangères à ce résultat, ce qui expliquerait que les corps les plus différents se combinent le plus aisément entre eux.

On comprend aussi que dans certaines conditions de température et de milieu, il faille à un atome d'une substance, d'oxygène par exemple, deux atomes d'hydrogène pour saturer son pouvoir rotatoire.

La même cause explique les phénomènes d'apparence contradictoire qui se manifestent dans les combinaisons chimiques, analogues à ceux qui se produisent dans la solidification des liquides.

Ainsi le mercure chauffé se combine avec l'oxygène, chauffé plus fort il l'abandonne ; l'oxygène et l'hydrogène se combinent à 400°, mais ils se dissocient à 2,000 ; au premier abord l'explication n'en paraît pas aisée, car ce n'en est pas une que de dire que l'affinité est relative ; rappelons-nous que suivant nos vues, l'affinité est due à la rotation hélicoïdale et opposée des atomes, et que c'est la force centrifuge due à la même rotation qui maintient ces mêmes atomes à une distance déterminée suivant la température; or, à 400° l'attraction hélicoïdale est suffisante pour former une nouvelle molécule; à 2,000 degrés la force centrifuge l'emporte et les atomes composants se séparent.

Pour que les réactions chimiques puissent se produire, il est nécessaire de mettre les corps en contact le plus intime possible, c'est pourquoi les combinaisons s'effectuent surtout à l'état liquide, suivant l'axiome chimique, *corpora non agunt nisi soluta.*

Electricité

Electricité générale

L'électricité est certes connue depuis longtemps dans ses manifestations tout au moins attractives ; mais pas plus qu'au premier jour nous ne sommes fixés sur la cause et la nature de son énergie et, depuis 1733, nous vivons sur la fiction des deux fluides positif et négatif de Dufay qui, s'ils n'expliquent rien, nous ont permis tout au moins de créer un langage technologique compréhensible.

M. H. Poincarré, le savant le plus autorisé de nos jours, dans une étude sur la *Théorie de Maxwell et les oscillations Hertziennes,* rend compte ainsi de l'impuissance de la science à découvrir les causes de l'électricité :

« Donner des phénomènes électriques une explica-
» tion mécanique complète, réduisant les lois de la
» physique aux principes fondamentaux de la dyna-
» mique, c'est là un problème qui a tenté bien des

» chercheurs... Il ne semble pas d'ailleurs qu'aucun » des systèmes mis en avant s'impose jusqu'ici à » notre choix par sa simplicité. Dès lors on ne voit » pas bien pourquoi l'un d'eux nous ferait mieux que » que les autres pénétrer le secret de la nature. Il » en résulte que tous ceux que l'on peut proposer » ont je ne sais quel caractère artificiel qui répugne » à la raison.

» L'un des plus complets avait été développé par » Maxwell à une époque où ses idées n'avaient pas » encore pris leur forme définitive. La structure com- » pliquée qu'il attribuait à l'éther rendait son sys- » tème bizarre et rébarbatif, on aurait cru lire la » description d'une usine avec des engrenages, des » bielles transmettant le mouvement et fléchissant » sous l'effort des régulateurs à boules et des cour- » roies. »

Poincarré conclut que Maxwell abandonna lui-même son système, mais qu'il n'y a pas lieu de « regretter cependant que sa pensée ait suivi ce » chemin détourné, puisqu'elle a été ainsi conduite » aux plus grandes découvertes ».

On connaît la première expérience qui sert d'introduction à tout exposé de science électrique : un bâton de verre frotté avec une étoffe de laine attire une boule de moelle de sureau, mais dès que la boule a touché le bâton de verre elle est repoussée, on dit alors que le verre est électrisé positivement et attire la boule qui est électrisée négativement, mais dès son contact, cette dernière prend l'électricité positive du verre, et est repoussée; à ce moment si on lui présente un bâton de cire frotté et électrisé négativement, la balle sera attirée de nouveau, d'où les deux lois fondamentales qui dominent l'électricité :

1° Deux corps chargés de la même électricité se repoussent ;

2° Deux corps chargés d'électricités contraires s'attirent.

Etudions ces phénomènes à l'aide de notre théorie.

Pour simplifier les faits, remplaçons le verre et la laine par une molécule de chacun d'eux ; ces deux molécules prendront par le frottement un mouvement de rotation supplémentaire en sens inverse. Si dans un corps où toutes les rotations sont régies d'une façon fixe par la gravitation ambiante il n'apparaît aucun phénomène, il n'en sera plus ainsi dès que l'équilibre sera rompu, soit pour le corps tout entier par rapport aux corps environnants, soit pour quelques molécules du corps si celles-ci sont seulement en jeu.

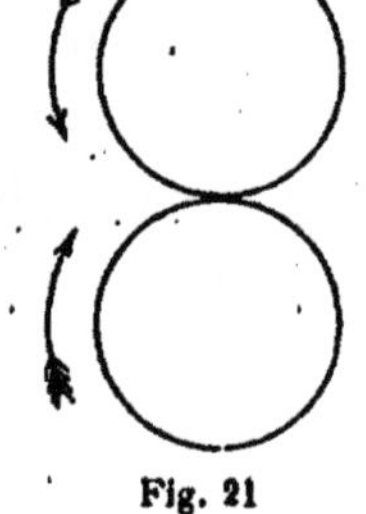
Fig. 21

Nous avons vu, dans la gravitation, que les molécules animées d'un mouvement rapide de rotation, avaient une tendance à s'avancer par un mouvement hélicoïdal, en prenant leur point d'appui dans l'éther. Dans notre figure, on voit qu'à la suite du frottement, les rotations des molécules frottantes et frottées étant inverses, les mouvements de progressions seront inverses également, soit dans le sens du rapprochement, soit dans le sens de l'éloignement; dans le cas du verre et de la laine, il est reconnu que le verre se charge d'électricité positive et la laine d'électricité négative, électricités qui s'attirent, les molécules frottées tournent donc dans le sens du rapprochement.

Nous voyons ici poindre la cause de l'électricité qui doit être la même que celle de la gravitation, mais tandis que cette dernière énergie se produit au milieu de l'équilibre général et passe pour nous inaperçue, l'électricité ne se manifeste, comme nous venons de le dire, que par une rupture d'équilibre ; elle n'est autre chose que de la gravitation dépassant la mesure ambiante, et l'on peut dire qu'un corps électrisé est un corps dont la masse se trouve accrue : si on pouvait électriser le soleil, le mouvement de la terre en serait hâté et l'année plus courte.

C'est bien le mouvement rotatoire moléculaire avec point d'appui dans l'éther qui paraît causer l'électricité; aussi bien Ampère avait-il pressenti, mais sans preuves, que cette énergie était due à l'éther, et Maxwel, d'après les termes mêmes de H. Poincarré, n'explique-t-il pas les actions électromagnétiques « *par la tension d'une multitude de petits ressorts, ou en d'autres termes par l'élasticité de l'éther?* »

Il reste à voir si notre théorie explique bien tous

les phénomènes électriques, ou du moins ceux caractéristiques de cette énergie. Pour cela, revenons au mouvement hélicoïdal, et examinons tous les cas qui peuvent se produire entre deux hélices en présence :

1° Si elles sont libres, elles peuvent, suivant le sens de leurs rotations réciproques, s'avancer dans le sens de l'attraction, ou s'éloigner comme dans les répulsions; elles ne pourraient aller dans le même sens qu'à la condition de se réunir comme dans la cohésion ou d'être mues par un même courant;

2° Si les deux hélices sont fixées à des masses immobiles, leur mouvement de rotation n'a d'autre effet que de propulser le fluide dans lequel elles sont noyées;

3° Enfin si une hélice ou molécule est fixe et l'autre mobile, il y a attraction ou répulsion vis-à-vis de cette dernière, selon le sens de sa rotation. Tous les mouvements électriques sont compris dans les précédents. La gravitation ne met en jeu que les attractions, parce que le centre des ondes attractives est dans le corps attirant.

Electricité statique

Cette électricité est ainsi nommée parce qu'elle ne court pas, elle stationne dans les conduits; nous allons tâcher de l'expliquer en examinant la façon dont elle se comporte dans la machine électrique, celle de Nairne, par exemple, qui a l'avantage de recueillir les deux électricités.

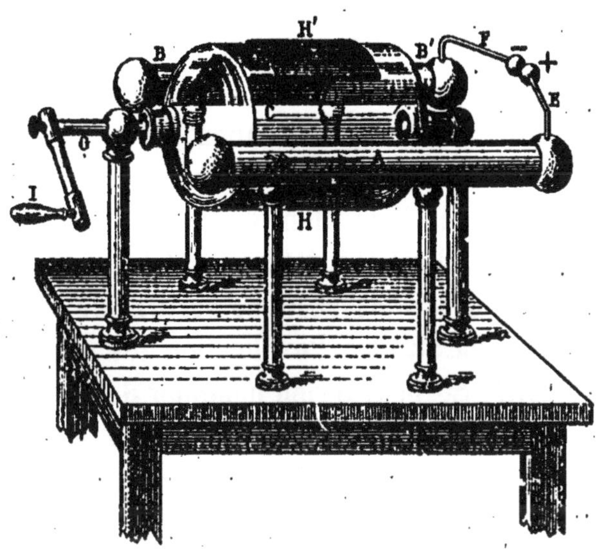

Fig. 22. — Machine électrique de Nairne.

La machine de Nairne est composée d'un cylindre de verre mu par une manivelle et frottant contre un coussin C ; d'après notre exemple des deux molécules frottées et frottantes, les molécules du verre tournent dans un sens et celles du coussin dans l'autre. L'électricité positive du verre sera recueillie dans un cylindre métallique A, isolé du sol par des pieds de verre, l'électricité négative du coussin se rendra dans un autre cylindre B.

Cherchons à nous rendre compte de la formation

de ces deux électricités ou plutôt des deux soi-disant fluides; les deux conducteurs A et B peuvent être considérés comme deux réservoirs d'éther, dès lors, les molécules du verre tournant dans le sens de la compression, toutes les molécules de A vont tourner dans le même sens, et l'éther sera refoulé dans le réservoir A : les molécules du coussin tournant dans le sens inverse ou de l'aspiration, l'éther est aspiré du réservoir B, or, ces conducteurs étant lisses et polis, et de plus l'air étant fort mauvais conducteur surtout lorsqu'il est sec, l'éther extérieur ne rentrera que difficilement dans B, et ne sortira que lentement de A : telle paraît être l'explication des deux sortes d'électricité. Se peut-il rien imaginer de plus simple, et cette simplicité même ne peut-elle être considérée comme une preuve de la grande vraisemblance du mouvement moléculaire hélicoïdal, alors surtout qu'en expliquant la gravitation, nous ne pouvions songer un instant à une adaptation aussi étroite à l'électricité.

Il reste à voir si les phénomènes pourront s'expliquer jusqu'au bout avec la même facilité. Et tout d'abord, nous remarquerons que la notation de Dufay + et — correspond bien effectivement à une tension plus forte et à une tension moins forte que celle du milieu éthéré ambiant ; mais revenons à nos réservoirs, à la longue, malgré la résistance de l'air, sa faible conductibilité et le poli des surfaces de cuivre, l'équilibre finirait par se rétablir entre eux et l'éther extérieur; mais lorsque ces réservoirs sont chargés, suivant l'expression consacrée, qu'on vienne à toucher l'un d'eux au moyen d'un corps bon conducteur mis en communication avec un grand réservoir, la terre par exemple, l'équilibre se rétablira immédiatement, de l'éther rentrera dans B et s'écoulera de A, c'est tout comme si on opérait sur deux récipients renfermant l'un de l'air comprimé, l'autre de l'air raréfié, une simple piqûre et les deux récipients se mettront à l'unisson de la pression atmosphérique.

Il n'est même pas nécessaire que le corps conducteur touche B ou A, ce dernier surtout, il suffit qu'il en approche. En effet, ce qui empêche l'éther en tension de sortir de A par exemple, c'est surtout la pression de l'air extérieur, mais que l'on approche un corps étranger et alors la résistance étant diminuée, si le corps étranger se trouve être bon conducteur, l'éther s'écoulera. Il se produit alors une étincelle due à l'arrachement de parcelles métalliques qui deviennent incandescentes par les violentes vibrations qu'elles éprouvent, et qui de plus font office de conducteur.

Si au lieu de mettre A et B en communication avec la terre, nous les faisons communiquer entre eux au moyen d'un excitateur, l'étincelle sera plus forte, car la différence de potentiel ou de tension le sera davantage. Comme on peut le prévoir, l'étincelle va du positif au négatif, de l'éther comprimé au raréfié.

Ce qui empêche la sortie et la rentrée de l'éther

dans les conducteurs A et B, c'est, avons nous dit, d'une part la surface lisse et polie du cuivre, qui réflète l'éther comme il se voit dans les glaces, d'autre part et surtout la pression et la mauvaise conductibilité de l'air ; mais adaptons une pointe à l'un des conducteurs A ou B, elle fera office d'ajutage, et donnera lieu à la sortie ou à la rentrée de l'éther, fait mis en évidence par le tourniquet électrique qui fonctionne comme le tourniquet hydraulique et pour la même cause, dans le fond tout au moins.

D'après la genèse de l'électricité négative, son maximum de tension ne peut être que le vide absolu de l'éther. Pour avoir de l'électricité à forte tension, il faudra donc avoir recours à l'électricité positive ; une pompe aspirante a de même pour limite la pression de l'air, mais une pompe foulante n'a pas de limites, théoriquement du moins.

Une machine électrique est donc une vraie pompe aspirante et foulante à éther, et du genre rotatif, puisque l'aspiration et le refoulement sont dus à la rotation des molécules.

Répulsions. — Nous voici maintenant à point pour expliquer les répulsions ; reprenons donc la boule de moelle de sureau et approchons-la du réservoir chargé d'électricité positive, les rotations accélérées des molécules de ce réservoir émettent des ondes qui allant atteindre la boule l'attirent (voir chapitre ci-dessous, Électricité par influence), mais dès son contact avec A, un jet d'éther s'échappe et communique aux molécules de la moelle un mouvement en sens inverse, d'où répulsion.

Avec le réservoir négatif B, le résultat est le même, mais la cause différente, les molécules de cuivre tournant dans le sens de l'aspiration, c'est-à-dire tendant à avancer suivant la flèche ci à côté ; dès que la boule a touché B, elle prend la même rotation, d'où encore répulsion. Les phénomènes répulsifs sont d'ordre secondaire, le premier mouvement d'un corps neutre vis-à-vis d'un corps électrisé est l'attraction.

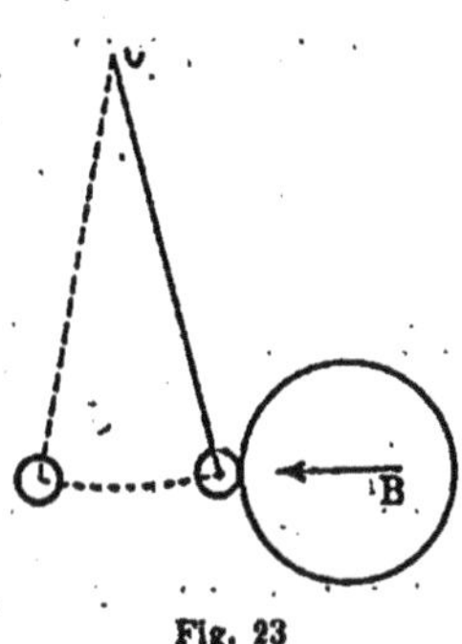

Fig. 23

Lorsque les molécules d'un corps peuvent obéir à la sollicitation d'ondes électriques, elles sont attirées ou repoussées. Lorsque les molécules sont fixes, elles donnent lieu à des fluides statiques ou à des courants, selon qu'elles tournent dans des réservoirs fermés ou dans un circuit ininterrompu (voir Influence et courants).

Electricité par influence

Considérons maintenant un des conducteurs de la machine électrique Nairne, celui chargé d'électricité positive par exemple, une boule de sureau serait d'abord attirée puis repoussée. Mais vis-à-vis d'un conducteur fixe B A, voici ce qui va se passer. Nous n'avons pas oublié sans doute ce que nous avons dit à propos de la reversibilité dans les ondes. Les molécules de chaque conducteur tournant

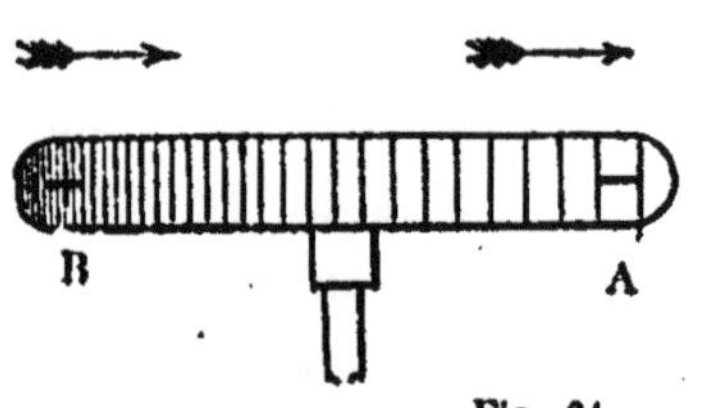

Fig. 24

à l'unisson de celles du coussin et du verre, chacune d'elles va provoquer à distance un mouvement semblable à celui dont elle est animée; les molécules de B A s'orienteront donc comme celles de V, leur tendance à la progression étant celle des flèches du croquis.

Voilà ce qui se passe pour l'influence positive, mais pour l'influence négative où toutes les flèches sont renversées, ne semble-t-il pas y avoir contradiction entre cette direction des molécules A B, opposées au corps excitateur V, car nous avons, dans notre explication de la gravitation, démontré que les molécules attirées se dirigeaient vers le corps attirant ? Nullement, et cette apparente anomalie vient au contraire confirmer nos vues.

Ce que nous avons démontré, en effet, c'est que les molécules impressionnées devaient diriger leurs mouvements vers le centre des ondes excitatrices.

Or, dans le cas d'influence négative, les molécules V étant parallèles, le centre des ondes qu'elles provoquent est à l'infini dans la direction A B, c'est donc dans ce sens que devront se diriger ces dernières molécules.

Et d'ailleurs, ne comprend-on pas admirablement que, de même que dans une vibration le rythme de cette dernière s'impose aux molécules qu'elle rencontre, de même dans les ondes hélicoïdales les molécules rencontrées finissent par tourner dans un sens ou dans l'autre suivant la rotation de l'hélicoïde éthéré qui les englobe.

Donc les molécules se mettront à tourner hélicoïdalement, et l'effet produit si le corps A B était libre serait d'être attiré vers V, chaque molécule progressant en prenant son point d'appui dans l'éther ; le corps dans ce cas, s'il n'éprouvait aucune résistance, resterait vide de fluides.

Mais A B est fixe, ses molécules tourneront donc sur place, refoulant l'éther en B, le raréfiant en A, en passant par une zone neutre, sans que la tension moyenne dépasse celle de l'éther extérieur ; une grande quantité de fluide sera expulsée sans doute par le pôle B, mais elle rentrera par le pôle A, de façon à maintenir l'ensemble du réservoir à la tension extérieure.

Si au lieu du conducteur positif de la machine électrique de Nairne, nous envisageons le conducteur négatif, ce serait lui qui aurait tendance à avancer vers A B, mais en vertu du principe de la réaction égale à l'action, V restant fixe, c'est A B qui s'avancerait au cas où bien entendu il serait mobile lui-même.

D'après ce que nous venons de voir, l'*influence* ne peut se produire que vis-à-vis des corps qui éprouvent quelque résistance dans leur attraction vers le corps excitateur.

Si on décharge brusquement V, tout cesse en AB, et l'éther reprend son équilibre primitif à la tension ambiante ; maintenons V électrisé et touchons alors B avec le doigt, le trop plein s'écoulera dans le sol, et il ne restera que de l'éther à la tension ambiante ; mais alors l'éther raréfié en A se trouvant moins contrarié par la pression de B, se raréfiera davantage, et c'est ce qui a lieu en effet en touchant B, l'électricité négative augmente en A ; à ce moment si nous supprimons l'influence V, le conducteur A B restera uniformément chargé de fluide négatif.

Les choses se passeraient-elles autrement avec un gaz? on peut donc avancer que l'électricité est bien due à un mouvement rotatoire supplémentaire des molécules de forme hélicoïdale d'un corps, et que les fluides électriques ne sont autres que de l'éther déséquilibré par rapport au milieu ambiant. En tension il constitue le fluide positif, raréfié il donne le fluide négatif, les énergies considérables ne pourront être fournies que par le fluide positif dont, comme pour les gaz, la tension peut être théoriquement indéfinie.

Tous les phénomènes électriques statiques s'expliqueraient avec la même facilité ; nous nous en tiendrons cependant là pour ne pas obscurcir la question des causes qui nous intéresse seule ici.

Nous ne terminerons cependant pas ce chapitre sans rappeler que Maxwell avait eu un soupçon de la vraie cause des phénomènes électro-statiques, lorsqu'il les attribuait à l'élasticité de l'éther tendu comme une multitude de petits ressorts ; l'accumulation et la raréfaction de l'éther ne représentent-ils pas en effet, et de la façon la plus naturelle et la plus simple, ces ressorts tendus mettant en jeu l'élasticité de l'éther ?

Je rappelerai encore que lord Kelvin a expliqué cette élasticité par la rotation de très petites parties d'éther. Tout cela bien entendu est resté dans le vague et à l'état de simple intuition, mais H. Poincarré a trouvé cette hypothèse séduisante.

Courants

L'électricité précédente ne paraissait pas être en mouvement ; celle-ci l'est au contraire à la manière d'un fluide, et à tel point que le meilleur moyen de l'étudier et de la comprendre est de comparer ses effets à ceux de l'eau courant dans un tuyau ; tout comme pour étudier l'électricité statique, nous l'avons comparée à de l'air emprisonné dans un récipient.

Maxwell, d'ailleurs, avait émis l'hypothèse que l'éther est en mouvement dès qu'il y a des courants voltaïques, et ce mot lui-même de courant est vraiment le terme qui convient le mieux.

L'électricité dynamique est due aux courants voltaïques ou aux courants dynamiques, et les effets sont les mêmes dans les deux cas. Nous nous bornerons à étudier ici les courants en dehors de leur origine.

Dans un fil arrive par une extrémité une excitation électrique voltaïque ou dynamique, les molécules qui l'ont produite, animées de rotations rapides, étant fixées, l'éther est propulsé, comme de l'eau dans un conduit, le long du fil dont la surface recouverte d'une substance isolante empêche la déperdition du fluide et fait, par suite, office de tuyau ; l'éther circulant, toutes les molécules qui composent le corps du fil métallique se mettent à tourner à l'unisson, ce qui réduit d'autant les frottements et par suite la déperdition d'énergie.

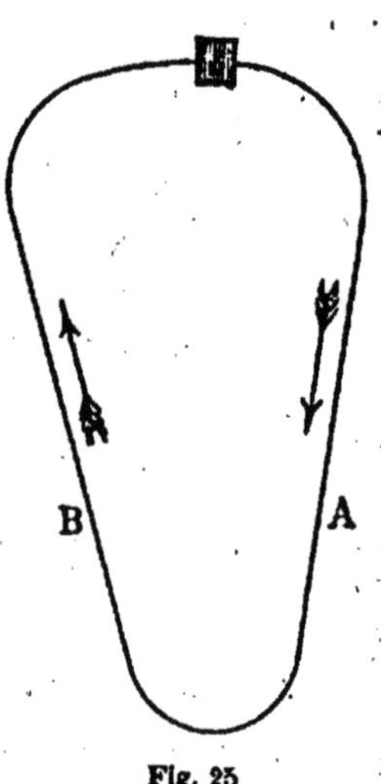

Fig. 25

Le courant d'éther passe en A et s'en revient à la machine en B. Une des conditions du courant est que celui-ci n'éprouve pas d'obstacles, soit qu'il forme un tout ininterrompu, soit qu'il s'écoule dans un vaste réservoir comme la terre, mais le premier cas est préférable au point de vue de l'utilisation de l'énergie. L'appareil qui est à l'origine ou sur le parcours, pile ou dynamo, agit alors à la façon d'une pompe foulante qui pousse le courant.

L'assimilation avec une canalisation d'eau est complète dans le dynamisme; s'il s'agit d'eau, en effet, le débit varie suivant la section du tuyau et suivant la vitesse ou la pression, et ce sont aussi les deux facteurs de l'énergie électrique; seulement ici les sections s'appellent *ampères* et les pressions ou tensions sont des *volts*.

Tout comme pour une canalisation aussi, si on perce la conduite, le fluide s'échappe avec une énergie souvent suffisante pour foudroyer un homme en désorganisant les molécules qui se trouvent sur son passage, et l'on pourrait sans doute recueillir de cette façon de l'éther condensé pour l'étudier à loisir, si on savait comment traiter une substance impondérable.

Enfin, dernière ressemblance avec un fluide matériel, l'éther n'obéit pas immédiatement à la poussée et continue son mouvement un peu après que cette dernière a cessé; cet effet dit de self-induction révèle une véritable inertie de l'éther et est une nouvelle preuve de sa résistance.

Comme toujours et partout où des molécules tournent, des ondes se produisent qui vont provoquer à distance des rotations semblables ou plutôt symétriques dans les fils métalliques voisins, et qui sont la source de courants secondaires désignés sous le nom d'*induits*, que nous étudierons plus loin. N'oublions pas, en effet, que pour tout ce qui concerne l'électricité, statique ou dynamique, l'éther agit de deux façons différentes comme tous les autres fluides, d'une façon active par son mouvement propre, ce qui produit les phénomènes de l'énergie électrique, et par les ondes qu'émettent les molécules dans leur rotation.

Nous pouvons assister ici facilement à la transformation de l'électricité en chaleur et en saisir les causes ; si en un point de son parcours le fil conducteur est rétréci, les molécules trop rares seront incapables de tourner avec une vitesse suffisante pour livrer passage au courant, et une partie de l'énergie sera alors employée en vibrations, d'où chaleur et même lumière ; cette propriété est d'ailleurs utilisée pour produire volontairement l'une ou l'autre, c'est même ainsi que l'on obtient les températures les plus élevées et les lumières les plus intenses. L'industrie a mis à profit cette propriété pour imaginer des coupe-circuits en métal relativement fusibles, destinés à prévenir les conséquences d'un voltage trop élevé.

Si par accident un fil conducteur donnant passage à un courant vient à se rompre, ce dernier est interrompu, car l'air étant mauvais conducteur, joue le rôle d'obturateur ; cependant, si la puissance du courant est suffisante, il s'en écoulera encore une partie, mais le métal sera brûlé.

Nous avons vu que les conducteurs métalliques remplissaient le rôle de tuyaux, et que les molécules se mettaient à tourner à l'unisson de l'éther, mais on conçoit que cette faculté de rotation varie avec la nature des métaux employés ; aussi, dans le calcul d'une installation électrique, affecte-t-on de coefficients différents la perte de charge par unité de longueur, suivant la nature du conducteur employé, le cuivre est le métal qui offre le moins de résistance.

On compte aussi comme perte de charges toutes celles afférentes aux conduites d'eau, coudes, étranglements, etc.

D'après ce qui vient d'être dit, on voit que la machine de Nairne serait apte à produire de l'électricité dynamique, à la seule condition de remplacer les conducteurs par un fil ininterrompu.

Courants alternatifs. — Les courants que nous avons examinés jusqu'ici sont continus. Pour diminuer les pertes de charge et pour d'autres motifs, on a imaginé les courants alternatifs, obtenus en changeant le sens du courant plusieurs milliers de fois par seconde, et c'est d'ailleurs le mode de production par machines dynamiques. Le courant agit alors à la façon d'une colonne fluide qui monte et descend alternativement.

Electricité voltaïque

Cette électricité est due à des phénomènes chimiques, et notre seul but en traitant ce chapitre est de rechercher comment de semblables phénomènes peuvent produire des courants. Les courants voltaïques sont obtenus au moyen de piles, dont il nous faut expliquer le mécanisme et l'action.

Soit le schéma ci à côté, représentant une auge remplie d'acide sulfurique étendu d'eau : deux lames s'y trouvent plongées verticalement, l'une en zinc, l'autre en cuivre, reliées à leur partie supérieure par un fil métallique. Les molécules de zinc attaquées par l'acide prennent une rotation dans le sens aspiratoire ; de l'éther est donc aspiré tout le long du conduit et paraît être refoulé par le cuivre, quoique celui-ci reste inerte. On dit cependant, à cause du sens du courant, que le cuivre est le pôle positif, et le zinc métal attaqué est le pôle négatif. Le courant se ferme par en bas, au moyen du liquide acidulé qui est conducteur.

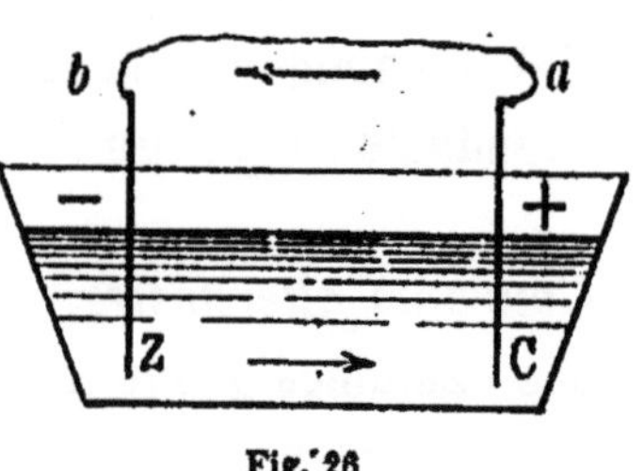

Fig. 26

Si la communication *a b* était interrompue, ou si le liquide était mauvais conducteur, le courant s'arrêterait, et l'effet nécessaire étant supprimé, l'attaque du zinc s'arrêterait aussi. En général, dans les piles, c'est le métal attaqué qui constitue le pôle négatif et joue le rôle de pompe aspirante ; mais on conçoit que si le pôle positif, au lieu de rester inerte et de jouer le rôle de simple conducteur, produisait effectivement de l'électricité positive, le courant serait renforcé.

On comprend que l'électricité se produisant dans les piles par aspiration, laquelle a pour limite la tension du milieu éthéré ambiant, ne puisse fournir de tensions bien considérables ; aussi faut-il relier un grand nombre de piles entre elles pour obtenir des effets sensibles.

Décomposition de l'eau. — Avant de quitter ce sujet, revenons à la décomposition de l'eau par les électrodes d'une pile, déjà ébauchée dans l'*énergie chimique*. Nous avons vu que par suite de la rupture de l'affinité entre l'oxygène et l'hydrogène, l'eau était décomposée ; l'oxygène allant au pôle positif, l'hydrogène en volume double, au pôle négatif. Mais ici se présente une difficulté ; comment, alors qu'une molécule est décomposée, l'oxygène est-il recueilli à un pôle, et l'hydrogène, à l'autre pôle, situé à une distance relativement éloignée.

Grotthus avait imaginé, pour expliquer ce fait, une théorie qui, modifiée par Faraday, consiste à prétendre que le courant traversant l'eau détruit l'affinité de tous les éléments rencontrés. Le pôle positif détruit la première molécule H^2O, garde O et entraîne H^2 ; la molécule suivante étant également détruite, le H^2 précédent se combine à l'O devenu libre, ainsi de suite, il reste au pôle négatif deux atomes d'hydrogène libre ; mais n'est-il pas plus simple d'admettre que le pôle positif dissociant une première molécule garde l'oxygène, et que les deux atomes d'hydrogène se rendent avec le courant d'éther au pôle négatif, ces atomes sont, nous l'avons vu, de l'ordre des cent millionièmes de millimètre.

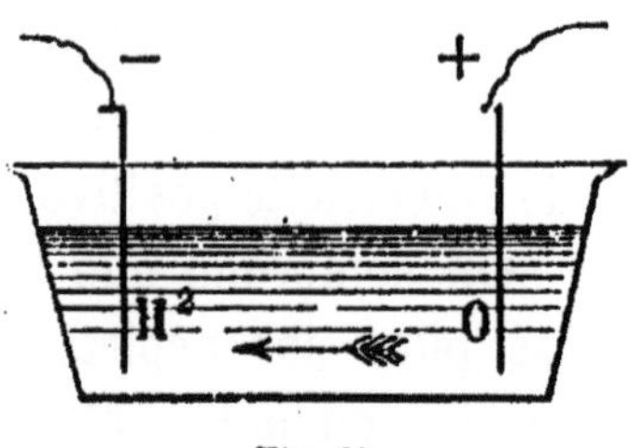

Fig. 27

Les phénomènes qui se produisent dans la galvanoplastie sont de même nature, avec cette différence qu'au lieu d'eau, on a affaire à un sel métallique.

Magnétisme permanent

Le magnétisme est proche parent de l'électricité, et l'on sait que l'électricité développe dans un fer doux la faculté magnétique.

Un morceau de fer, comme un corps quelconque d'ailleurs, a ses molécules dirigées en sens divers et principalement vers le centre de gravité du corps, lorsqu'elles ne sont sollicitées par aucune influence extérieure; dans tous les cas, cependant, il y a une déviation des molécules vers le centre de la terre, qui constitue le poids du corps; elles seraient même tout entières dirigées vers le centre de notre globe, si l'attraction de ce dernier était suffisante.

Les aimants permanents sont les seuls que nous envisagerons ici, et nous pouvons prévoir qu'ils doivent leurs propriétés aux mêmes causes que l'électricité statique, ou plutôt à la cause unique de toute énergie, la rotation de la molécule hélicoïdale.

Mais, tout d'abord, expliquons ce que c'est qu'un aimant permanent. Un morceau de fer doux, soumis à un courant, devient susceptible d'attirer le fer, et c'est alors un électro-aimant ; dès que le courant cesse, les propriétés attractives disparaissent, les molécules qui avaient été déviées reprennent leur position première.

Si au lieu de fer doux nous prenons de l'acier, l'aimant conservera ses propriétés pendant un fort long temps, du moins dans une certaine mesure ; c'est alors un aimant permanent : les molécules déviées ont, dans ce cas, conservé l'orientation acquise. La distribution moléculaire est certainement seule ici en cause et, pour en saisir le jeu, il est indispensable tout d'abord d'étudier de quelle façon se comportent les aimants permanents.

La première chose qui frappe, c'est que les deux extrémités d'un aimant se comportent absolument de la même façon vis à vis de la limaille de fer et que le centre reste neutre ; il y a cependant une différence entre les deux extrémités : d'abord, c'est toujours la même qui se tourne vers le pôle nord, puis les pôles qui se tournent vers le nord se repoussent, de même que les opposés : ce que l'on traduit en disant que les pôles de même nom se repoussent, tandis que les pôles de noms contraires s'attirent, et c'est pour cela que l'on a appelé pôle austral celui qui se dirige vers le nord, pôle boréal l'opposé.

Un barreau d'acier ne peut dépasser comme aimant permanent une certaine limite d'aimantation, dite de *saturation*. Ces diverses manières d'être vont nous servir de guide dans la recherche de nos causes, et tout d'abord nous sommes frappés de la ressemblance qui existe entre un aimant et un conducteur de cuivre influencé à distance, dans lequel les électricités de même nom se repoussent et celles de nom contraire s'attirent ; cela nous incite à rechercher la cause de l'aimantation dans celle de l'électrisation à distance.

Un conducteur influencé renferme à l'un de ses pôles de l'éther en tension, dans l'autre de l'éther raréfié ; l'influence cessant, il ne contient plus que de l'éther à la tension ambiante. Transportons cette manière de voir à un barreau aimanté.

On sait que pour aimanter un barreau de fer, on promène sur une de ses faces, toujours dans le même sens, l'extrémité d'un barreau aimanté ; sous l'influence des ondes, émises toujours dans les mêmes conditions, les molécules de l'acier qui tournaient en tous sens vont s'orienter dans la même direction A B, et la saturation sera obtenue lorsque toutes les molécules auront franchement pris cette direction.

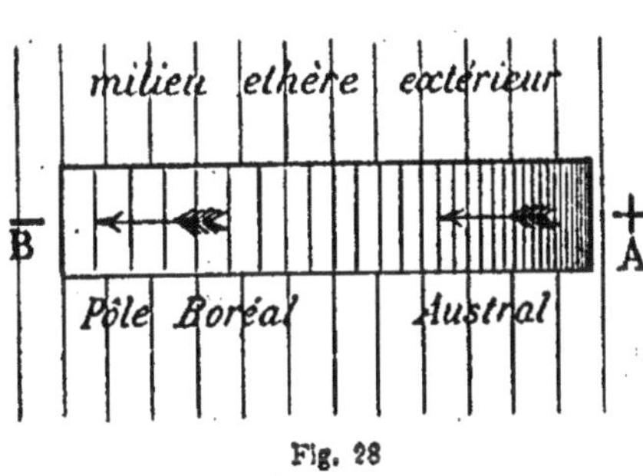

Fig. 28

Le barreau peut être considéré comme formant un réservoir relativement imperméable à l'éther, sous l'influence du poli des surfaces, de la pression et de la mauvaise conductibilité de l'air. Les molécules, en tournant hélicoïdalement, travailleront dès lors à l'aspiration de l'éther qui se trouvera de la sorte refoulé en tension en A, raréfié en B en passant dans l'intervalle par une zone neutre ; l'ensemble demeure, du reste, à la tension ambiante, de sorte que l'éther, qui vient à être expulsé, rentre au même instant de l'extérieur.

On ignore comment se comporte l'intérieur d'un aimant, mais il est probable que ce sont les parties superficielles seules qui contribuent à produire le magnétisme, et il est possible qu'une partie de l'éther revienne par l'intérieur de A en B. Donc, malgré la rotation des molécules, l'aimant constitue un système intérieur où tout doit rester en repos vis à vis de l'extérieur, la somme des énergies moléculaires restant la même après qu'avant l'aimantation.

Les choses se comportent au point de vue des attractions et des répulsions, comme s'il s'agissait de réservoirs électrisés par influence (voir : Electricité statique).

On comprend bien d'ailleurs que les pôles de sens contraire s'attirent, puisque les deux aimants tendent à n'en former

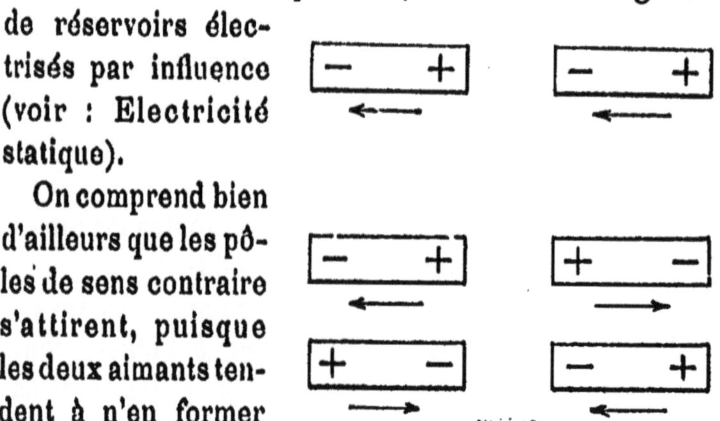

Fig. 29

qu'un seul après leur jonction ; on comprend aussi que ceux de même nom se repoussent, parce que dans les deux cas qu'ils présentent, les rotations des molécules sont de sens inverse.

Un aimant fixe en regard d'un morceau de fer neutre attirera ce dernier, et c'est l'image de la gravitation.

Une manière d'étudier les aimants consiste à former, au moyen de limailles, des fantômes magnétiques autour des pôles. Voici comment on procède : au dessus du pôle d'un aimant et le touchant presque, on dispose une feuille de papier sur laquelle on tamise de la limaille de fer à travers un tamis très serré, on voit alors la limaille se disposer en lignes radiolaires partant d'un centre commun et, à la loupe, on remarque que les poussières se tiennent droites sur le papier, et plus ou moins inclinées suivant leur éloignement de l'aimant.

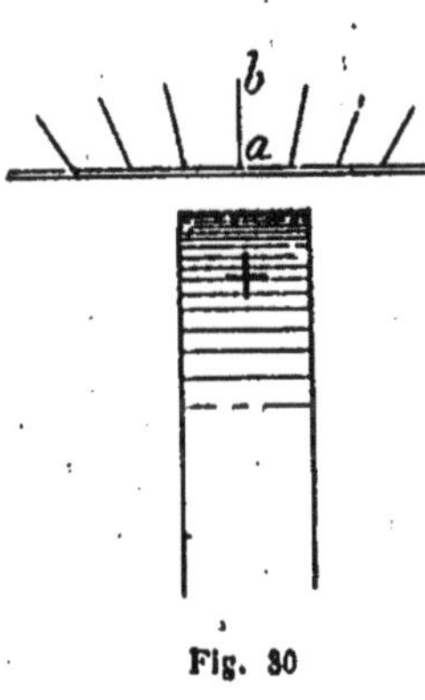

Fig. 30

Renversons le pôle, la disposition radiolaire et l'intensité seront les mêmes, mais nous verrons les parcelles de limaille *a b* se retourner tête en bas ; *a b* est en effet devenu un petit aimant, et son précédent pôle a été non repoussé, mais renversé eu égard à la petitesse de la particule.

Plaçant face à face deux pôles d'aimants droits, la disposition des limailles dans le cas de pôles de même nom accuse bien des répulsions et, dans le cas de pôles de sens contraires, des attractions ; ainsi, dans le cas de pôles de même nom, on a l'impression de fluides qui s'échappent ou rentrent en se contrariant. Et alors il se produit absolument le même effet que lorsque dans l'atmosphère ou une nappe d'eau, l'équilibre de température étant rompu, les fluides refroidis vont remplacer ceux de température supérieure, vers lesquels ils semblent attirés, en produisant des courants. Ici l'éther en tension se dirigera de préférence vers les points de plus grande raréfaction, et avec d'autant plus d'énergie que la différence sera plus considérable, le pôle + sera donc attiré vers le pôle — et par réaction ce dernier à son tour marchera vers le premier.

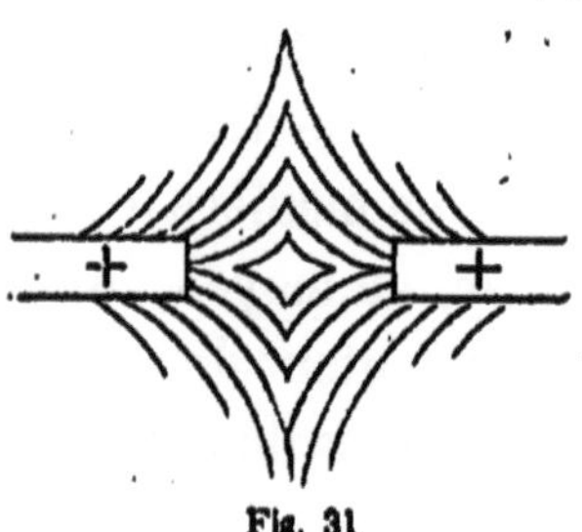

Fig. 31

Cette constitution des aimants explique parfaitement leur action sur les courants. Dans un aimant fixe, la sortie et la rentrée de l'éther par les pôles crée autour de chacun d'eux une zone d'influence qui est celle de leur action.

A ne considérer les choses que superficiellement, on peut se demander comment il peut se faire qu'un courant d'éther poussant un corps et que des molécules tournant toutes dans le même sens ne fassent pas avancer le corps, bien plus, qu'ils ne lui impriment même aucune tendance au mouvement.

La raison en est que tout ce système d'agitation est limité, confiné dans un milieu qui conserve son équilibre ; l'éther poussera bien l'aimant en B, mais celui qui sort en A éprouvera une résistance égale, et le système restera en équilibre absolu tant qu'une influence étrangère n'interviendra pas.

Pour conserver à deux aimants droits leur aimantation qui à la longue finirait par disparaître, on les place deux à deux et pôles renversés ; le circuit d'éther peut alors, en effet, s'effectuer dans un courant vraiment fermé, et c'est là une nouvelle preuve de la véracité de nos vues ; elles sont encore corroborées par la considération d'un tore ou anneau aimanté ; ici il n'y a plus de pôles, l'aimantation est uniforme et sans action sur les corps extérieurs (Maurain), ce qui prouve bien que la somme des énergies intérieures est restée la même qu'avant l'aimantation, c'est-à-dire nulle, et de plus que les molécules sont orientées dans le même sens, car l'éther propulsé peut former un courant continu.

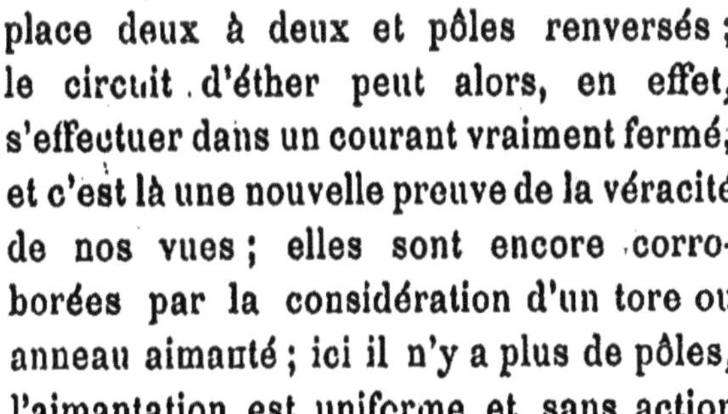

Fig. 32

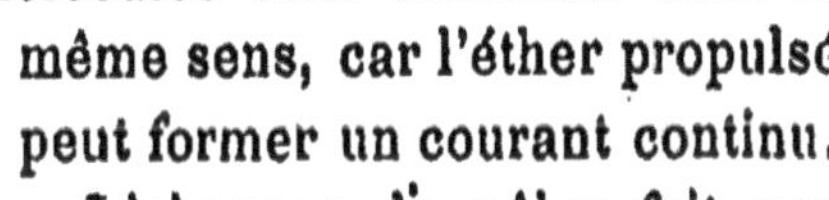

L'absence de pôles fait que le tore aimanté ne nous rappelle aucune des propriétés des aimants droits ou en fer à cheval, qui nous ont si fort frappés par leur singularité.

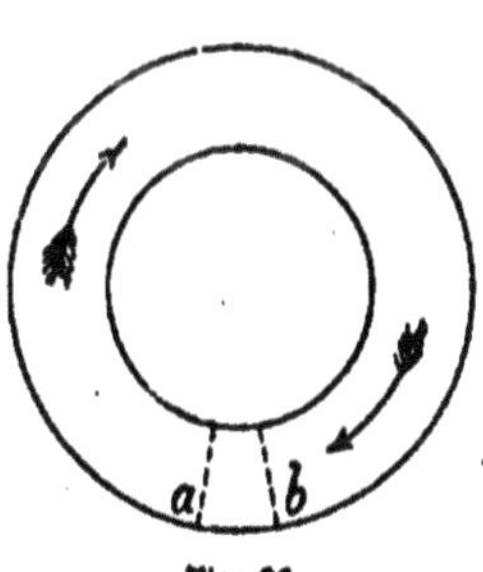

Fig. 33

Théories diverses sur la constitution des aimants. — Les physiciens avaient remarqué depuis longtemps qu'un barreau aimanté coupé en deux formait deux aimants distincts ayant chacun leurs pôles; divisé en plusieurs fragments, chacun d'eux constituait encore un aimant complet; l'explication de ce fait ne laissait pas que d'être fort difficile. En admettant, d'après Coulomb, l'existence de deux fluides positif et négatif relégués aux deux extrémités du barreau aimanté, comment peut-il se faire qu'après une section brusque il se trouve encore dans chaque fragment du positif et du négatif. Pour expliquer ce phénomène, on imagina alors un aimant comme formé d'une multitude de petits aimants élémentaires ayant chacun ses pôles, et voici comment M. Ch. Maurain expose cette théorie dans un petit ouvrage récent, *Le Magnétisme du fer*, paru en 1899 :

« Toutes les propriétés connues des aimants s'ex-
» pliquent bien, en admettant que les molécules des
» corps magnétiques constituent autant de petits
» aimants permanents orientés d'abord dans des
» directions quelconques et dont l'action extérieure
» totale est par suite nulle; l'aimantation consiste
» alors dans une orientation plus ou moins complète
» de ces aimants moléculaires, dont l'action exté-
» rieure devient ainsi sensible; cette hypothèse a
» été émise par Ampère, développée par Weber et
» Maxwell, enfin appuyée et répandue par les tra-
» vaux d'Ewing. »

C'est presque la théorie que nous avons exposée; mais que sont ces aimants moléculaires dont il s'agit ici, qui, orientés d'abord dans des directions quelconques, se sont ensuite orientés dans le même sens? L'explication a déplacé la difficulté sans la résoudre, sauf en ce qui concerne la fragmentation des aimants qui était seule en cause.

Les fluides si peu scientifiques sont donc conservés. Notre théorie a tout au moins ce mérite de tenter une explication sans sortir de faits reconnus exacts ou acceptés par la science; de plus, elle ramène toutes les énergies à une seule cause. L'aimant, en particulier, s'explique aisément.

Dans une moitié ou un fragment quelconque d'aimant, l'équilibre moyen de l'éther à la tension extérieure doit se rétablir; s'il y en a trop, il s'écoule, s'il est trop rare, il en rentre de nouveau, et la parcelle devient aimant complet, les molécules tournant continueront à refouler l'éther à une extrémité et à le raréfier à l'autre; la seule différence est que l'énergie est ramenée à la somme des énergies moléculaires du nouveau fragment.

Comme l'expose Maurain, un aimant est bien composé d'une quantité de petits aimants moléculaires, mais ces petits aimants qui, d'après Ampère, seraient chacun un solénoïde entouré de courants, ce qui n'explique rien au fond et est fort compliqué. Ces aimants, dis-je, sont tout simplement les molécules elles-mêmes de la matière, tournant dans une direction déterminée, ce qui explique tout.

Et considérons, en effet, combien la rotation héli-coïdale de la molécule explique bien tous les faits, et de la manière la plus simple. La physique nous apprend qu'une aiguille aimantée se place normalement à un courant, mais ne doit-il pas en être ainsi? Un courant parcourant un fil émet autour de lui des ondes qui lui forment une gaine cylindrique; l'aiguille aimantée étant formée de molécules tournant dans son sens, ces rotations viendront se placer normalement aux ondes excitatrices, et c'est de cette façon simple aussi que le globe terrestre, avec sa ceinture de courants parallèles à l'équateur développés par le soleil dans son cours quotidien, attire normalement à ces parallèles une aiguille aimantée dont une pointe se dirige par suite toujours vers le nord magnétique.

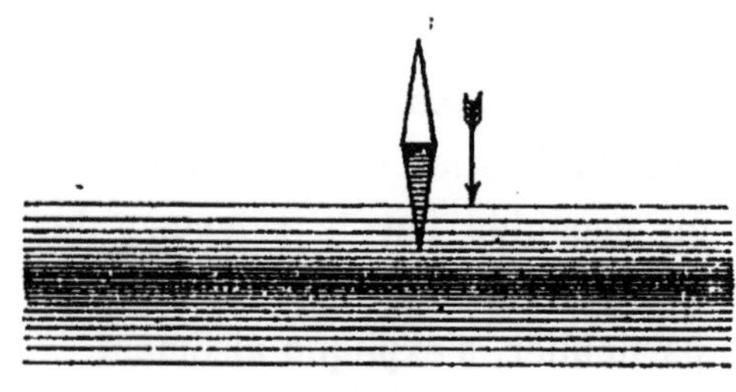

Fig. 31

Induction. Electricité dynamique

Faraday avait déjà découvert que l'électricité modifie le milieu ambiant et provoque daus des fils voisins des courants dits d'induction. En 1892, un fil télégraphique traversant le canal de Bristol étant venu à se rompre, on disposa parallèlement aux deux rives et à une distance de huit kilomètres, deux fils dans l'un desquels on faisait passer un fort courant; il se produisit aussitôt dans l'autre un courant secondaire de sens contraire qui servit à la transmission des dépêches, nul doute que l'agent d'excitation fut l'éther, comme Ampère l'avait bien soupçonné, mais sans pouvoir l'établir.

Remettons-nous bien en mémoire notre théorie des ondes, toute molécule en mouvement produit dans l'éther environnnant des ondes absolument semblables à celles qui se produisent dans l'eau et dans l'air; mais l'air et l'eau peuvent être tour à tour agents d'énergie lorsque la matière se déplace, comme dans les vents, les vagues, les chutes d'eau, etc., ou simples agents de transmission comme dans les ondes sphériques, et alors sans déplacement de matière.

L'analogie nous porte à croire qu'il en sera de même de l'éther qui pourra être, suivant les cas, ou simultanément agent de transmission à distance ou agent d'énergie comme dans les courants ; un courant donc, de provenance quelconque, faisant tourner hélicoïdalement dans son sens les molécules du fil qu'il parcourt, sera agent d'énergie, et cependant les molécules en rotation émettront des ondes qui formeront autour du fil une gaîne d'influence décroissante, allant impressionner à distance des molécules semblables.

Mais étudions les effets de cette influence à distance sur un fil parallèle au premier.

Dans l'électricité statique par influence, nous avons reconnu que le + d'un conducteur, influençait en — un conducteur opposé ; en obliquant de plus en plus ce deuxième conducteur B, et arrivant à le placer parallèlement à A, nous voyons que sur un conducteur parallèle C l'influence disposera inversement les électricités. Si nous supprimons l'influence A, le conducteur C reprendra son équilibre ce qui produira un courant inverse du premier. Donc approchant et éloignant tour à tour l'influence,

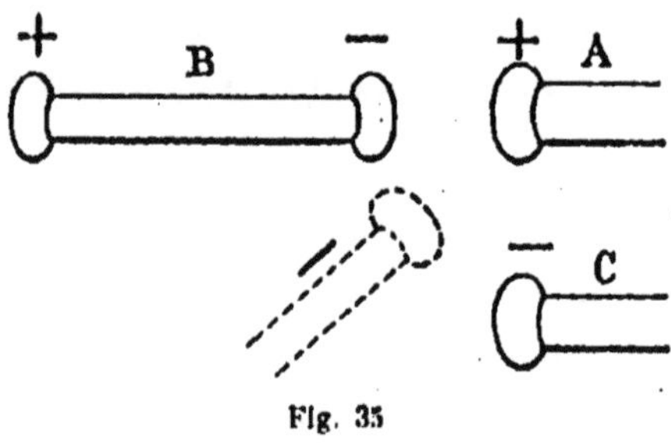

Fig. 35

nous provoquerons un courant induit inverse en C, immédiatement suivi d'un courant de sens opposé. Les choses se passeront de même entre deux fils parcourus par des courants.

Dans le magnétisme, nous avons reconnu qu'un aimant permanent n'était autre chose ou tout au moins se comportait comme un conducteur B influencé à distance, avec cette différence que l'orientation des molécules restait définitive, et ce qui prouve bien l'identité des deux énergies, c'est que pour aimanter un barreau d'acier il suffit de l'entourer de fils métalliques dans lesquels on fait passer un fort courant électrique ; ce qui le démontre encore mieux, c'est que pour produire l'induction, on peut indifféremment se servir d'un courant ou d'un aimant.

Donc pour développer dans un fil un courant induit, on approche et on éloigne alternativement et brusquement un courant, ou mieux un aimant parallèle ; il se développe par le rapprochement un courant induit de sens inverse ; au moment de l'éloignement, ce courant revient sur lui-même, d'où une suite rapide de courants alternatifs dont on se sert exclusivement aujourd'hui pour produire l'électricité industrielle à haute tension.

On transforme de cette façon et sans intermédiaire une énergie quelconque en électricité dynamique.

Ondes hertziennes

Nous ne saurions terminer cette étude de l'électricité et de ses causes sans parler d'un nouveau genre d'ondes électriques dites hertziennes. Les ondes produites par l'électricité dynamique ne s'étendent qu'à une faible distance ; à quoi cela tient-il, alors que la gravitation se propage à des distances relativement si considérables ? A ce fait que les ondes hélicoïdales ont une faible puissance de propagation, dans l'air surtout, et que si néanmoins la gravitation, dont les ondes sont de même nature, peut se propager aux limites de notre système solaire, cela tient à la grande quantité de molécules qui entrent en jeu ; mais qu'est à côté d'une masse céleste, l'électricité qui n'intéresse que quelques molécules, et en ne leur ajoutant sans doute qu'une faible rotation supplémentaire.

L'étincelle électrique produit en jaillissant un ébranlement très court de l'éther ; ces ébranlements, fréquemment répétés, constituent des ondes qui ne tarderaient pas à s'éteindre si elles restaient toujours de même sens ; il est nécessaire pour atteindre de grandes distances que les étincelles soient renversées, l'onde produite alors est poussée et ramenée sur elle-même avec une très grande rapidité, ce qui a pour effet de réduire la résistance électrique de l'air : c'est là le caractère des ondes de Hertz.

Mais il est nécessaire que l'alternance soit très rapide, les courants alternatifs industriels sont insuffisants à cet égard. Hertz a réussi à produire dès 1887, au moyen de son grand excitateur, des étincelles alternant 50 millions de fois par seconde, et 500 millions au moyen de son petit excitateur; Righi a même atteint 12 milliards et Bosc 50 milliards.

En nous en tenant au grand excitateur de Hertz, on voit que 50 millions d'étincelles sont produites en renversant à chaque fois le courant, il se produit, de la sorte, des ondes sphériques, sans déplacement d'éther, absolument semblables aux ondes lumineuses; une étincelle pousse l'éther, la suivante le ramène, tout comme dans la production des ondes par la lame vibrante et tout comme dans la lumière où la molécule vibrant d'avant en arrière pousse et ramène l'éther, l'assimilation avec les ondes lumineuses ressort des lois suivantes énoncées par Hertz.

1° L'induction électrique se propage avec la même vitesse que la lumière.

2° Les effets d'induction qui se produisent par un courant oscillatoire se propagent sous forme d'ondes qui se réfléchissent, se réfractent et se diffractent de la même façon que les ondes lumineuses.

3° Les ondes électriques produisent aussi des franges d'interférence.

On peut d'ailleurs reconnaître la conformité des ondes hertziennes avec les ondes sonores, et s'assurer qu'elles ne sont pas un mythe, au moyen d'un résonnateur; lorsqu'on fait vibrer un diapason, les ondes vont faire vibrer à distance un diapason en accord avec lui et nul autre. Le résonnateur électrique est un diapason électrique, promené en s'éloignant du centre d'excitation électrique, il ne vibre qu'à des distances égales, c'est-à-dire aux *ventres*.

Si les ondes sont produites au moyen du grand excitateur de Hertz, on reconnait que les intervalles des ventres est de six mètres, ce qui indique 50 millions de vibrations à la seconde; or, on sait que les ondes lumineuses sont constituées comme les ondes sonores, les ondes hertziennes sont donc semblables aux premières, et la ressemblance est telle que, d'après Maxwell, l'onde lumineuse ne serait autre chose qu'une suite de courants alternatifs changeant de sens plusieurs centaines de trillions de fois par seconde, mais, s'il en était ainsi, même avec 50 millions l'onde hertzienne ne produirait-elle pas tout au moins une chaleur appréciable; il suffit d'ailleurs de rappeler que l'onde lumineuse ne jouit d'aucune faculté d'induction.

Cette puissance d'induction des ondes de Hertz a distance a été utilisée dans l'application d'un télégraphe sans fil. En 1895 un savant russe, Popoff, réussit, en effet, à recueillir ces ondes à une distance de 2 kilomètres au moyen d'un résonnateur, mais la découverte du radioconducteur Branly a permis, l'année suivante, à Marconi de les recueillir à une distance bien plus considérable.

Nous avons reconnu que les ondes hertziennes se comportent comme les ondes lumineuses, elles sont, comme elles, arrêtées par les obstacles et la rotondité de la terre ; il faut donc que l'excitateur soit placé en un point très élevé. D'un rayon de 18 kilomètres atteint dès l'origine, par Marconi, la distance a été portée à 40 kilomètres en 1899, entre l'île de Wight et Bournemouth, au moyen d'un mât de 55 mètres de hauteur.

Le radioconducteur Brauly, qui recueille les ondes et a permis ces longues distances, consiste en un tube fermé aux deux bouts par des bouchons que traversent les électrodes d'une pile ; ces derniers sont séparés à l'intérieur du tube par un petit intervalle rempli de limaille de fer ; au repos, la limaille n'est pas conductrice et le courant ne passe pas, mais les ondes hertziennes modifiant les surfaces de contact, la limaille devient conductrice et livre passage au courant ; chaque fois donc qu'une onde est émise, le courant passe.

Si j'ai parlé avec quelques détails des ondes de Hertz, c'est qu'elles paraissent participer des ondes lumineuses et des ondes électriques ; des premières, elles ont le rythme, les nœuds et les ventres sont peut-être les mêmes ; mais, comme elles ont une origine électrique, due elle-même à un mouvement hélicoïdal des molécules, les ondes sont hélicoïdales et alternativement de sens inverse, mais l'éther ne se déplace que dans la longueur d'une onde.

Electricité météorologique (tonnerre)

A la suite de grandes chaleurs, l'air s'échauffe, c'est-à-dire que ses molécules accélèrent leur mouvement vibratoire, mais leur rotation s'accroît aussi, ce qui occasionne l'état électrique de l'air en dehors de toute présence de nuages.

Lorsque ce sont des molécules d'eau qui prennent ce mouvement hélicoïdal, lorsque surtout à la suite d'une journée très chaude de grandes quantités d'eau se sont vaporisées, pourvues de l'énorme énergie rotatoire que représente la chaleur latente de vaporisation, des nuages ne tardent pas à se former, et ces nuages ne sont autres que des amas de molécules assez éloignées pour ne pas se résoudre en liquide, mais néanmoins assez rapprochées pour former un tout perceptible à l'œil.

A une première agglomération de molécules émettant des ondes, viendront s'agréger toutes celles qui se trouveront dans son rayon d'action, ainsi se formera le nuage avec des contours bien définis, indiquant une puissante attraction moléculaire et pouvant dans une certaine mesure faire office de réservoir à éther.

Si ce nuage restait seul, ses molécules orientées en tous sens et de préférence vers son centre, le laisseraient en repos, ou tout au moins indifférent, mais qu'un autre nuage s'approche, neutre celui-là ou bien constitué comme le premier, peu importe ; ce second nuage sera attiré, mais comme il n'obéira que lentement à cette attraction à cause de la résistance de l'air, il se produira une électrisation par influence

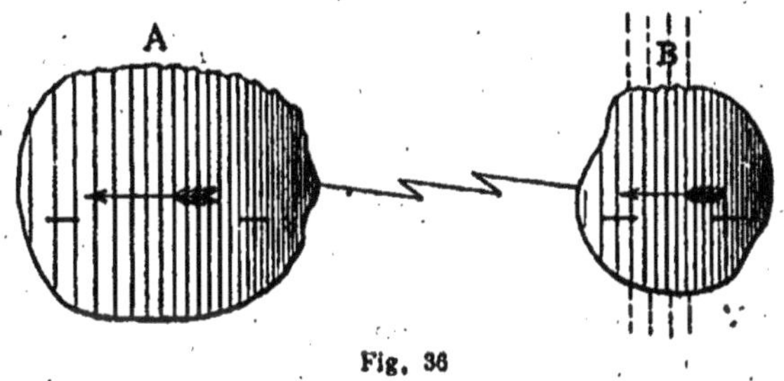

Fig. 36

réciproque, et le nuage A qui primitivement ne contenait que de l'éther à la tension ambiante verra ce dernier s'accumuler au regard de B et se raréfier au sens opposé ; non pas que l'éther extérieur ne puisse rentrer, mais les rotations hélicoïdales sont tellement rapides, qu'elles sont utilisées pour partie à la progression du nuage, pour le surplus à l'accumulation et à la raréfaction de l'éther, à la décomposition du fluide neutre comme on dit en langage électrique.

Lorsque A et B seront suffisamment rapprochés, la résistance de l'air interposé devenant insuffisante, l'éther s'échappera de A vers l'extérieur, et naturellement vers le point de moindre résistance qui est B, l'éclair est donc une décharge d'éther qui imprime aux molécules d'air interposées entre A et B une vibration telle qu'elles en deviennent lumineuses ; le tonnerre est le bruit du déchirement de l'air avec les répercussions qui s'en suivent.

A chaque décharge électrique, une partie de l'énergie rotatoire moléculaire disparaît, c'est-à-dire se transforme, et l'orage finit par s'apaiser.

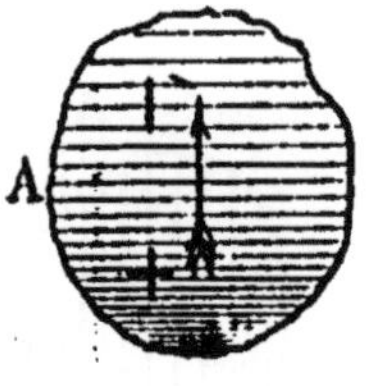

Mais ce qui se passe entre deux nuages peut se produire aussi entre un nuage et la terre ; le nuage influencera la terre, et la décharge aura lieu entre lui et le point le plus rapproché, qui sur la terre est le point le plus élevé.

Comme nous avons vu que l'éther qui éprouve quelque difficulté à s'écouler par une surface lisse s'écoule facilement par les pointes, on comprend le rôle du paratonnerre qui, placé sur un point culminant et communiquant librement avec l'intérieur de la terre, laisse écouler lentement vers cette dernière le fluide positif, ou l'éther en tension, du nuage.

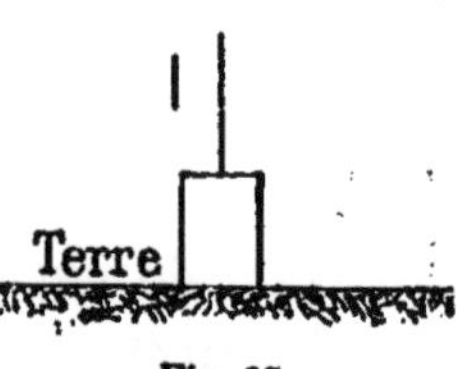

Fig. 37

Si le nuage A tournait son fluide négatif vers la

terre, celle-ci serait influencée en +, et alors l'éther au lieu de rentrer sortirait par la pointe du paratonnerre. Les orages sont en effet tantôt positifs tantôt négatifs.

La longueur des éclairs qui atteint parfois dix kilomètres entre deux nuages, est due à ce que, à une grande hauteur, la résistance de l'air est très affaiblie.

La théorie que nous venons d'exposer fait bien comprendre la formation de la pluie et de la grêle. A chaque décharge électrique, la rotation des molécules, source de la dilatation, diminue, et à un certain point limite, chaque nouveau coup de tonnerre provoquera une chute de pluie, et même quelquefois de grêle, par le même phénomène qui fait que de l'acide carbonique ou sulfureux soumis à une très haute pression, se résout directement à la sortie du robinet en solide et non en liquide.

Ces résultats sont faciles à comprendre si nous avons bien suivi l'exposé de la constitution atomique de la matière, qui n'est plus contestée par la science. Nous y avons expliqué en effet que les rotations des molécules vont s'affaiblissant des gaz aux solides, en passant par les liquides; or, dans le cas de la grêle, la diminution des rotations à la suite d'une forte décharge a été telle qu'elle a passé par dessus l'intermédiaire du liquide.

Elasticité des gaz

Ce n'est plus ici à proprement parler une énergie que nous allons expliquer, mais un problème de constitution des corps.

Dans les liquides et les solides, états de la matière qui frappent le plus nos sens, nous voyons en œuvre la cohésion, et nous disons que les molécules s'attirent; les gaz, au contraire, paraissent obéir à une loi autre et même opposée, leurs molécules semblent se repousser, et ils tendent en effet à occuper le plus grand volume possible. Est-ce à dire qu'ils obéissent à une loi différente de celle de la cohésion? Nullement, mais la physique n'a pas, que nous sachions, cherché à expliquer cette apparente anomalie; il est vrai qu'elle s'occupe seulement à étudier les lois de la matière et laisse à l'esprit philosophique la recherche des pourquoi.

La loi de Mariotte nous apprend *que les volumes d'une masse gazeuse sont inversement proportionnels aux pressions qu'elle supporte, pourvu que sa température reste constante.*

Prenons une masse liquide et réduisons-la progressivement par la chaleur à l'état de gaz, que va-t-il se passer? Les molécules liquides augmentant leurs mouvements vibratoires et rotatoires, la force centrifuge s'accroit et, arrivée au point d'ébullition, toute la chaleur fournie se porte sur les mouvements rotatoires, la force centrifuge devient énorme et l'emporte sur la cohésion, qui cependant est elle aussi due au même mouvement rotatoire, de par sa nature hélicoïdale.

La cohésion vaincue, chaque molécule reprend sa liberté pourvue d'une rotation énorme qui maintient les distances, en même temps que le mouvement hélicoïdal les anime de translations vertigineuses; c'est là sans doute l'explication de la théorie cinétique fondée par Daniel Bernouilli, admise et étudiée par Dalton, Joule, l'auteur de la *Théorie mécanique de la chaleur,* Clausius, Maxwell, Crookes et presque tous les savants de nos jours.

Clausius a trouvé que les molécules d'air à 0° se meuvent avec une vitesse de 485 mètres par seconde, celles d'hydrogène à 1,844 mètres, les molécules des gaz circulent en tous sens, de sorte que l'air qui nous environne paraît immobile, mais néanmoins avec une composante vers le centre de la terre qui, proportionnelle à la masse de cette dernière, constitue et maintient le poids des gaz.

Les molécules d'air dans ces fantastiques vitesses se choquent environ 4,700 millions de fois par seconde; ces chiffres confondent l'imagination qui est naturellement portée à l'incrédulité, mais je rappelle que tout ce qui touche à l'infiniment petit est excessif, non seulement en petitesse mais en grandeur, tel le nombre de vibrations des molécules par seconde qui se chiffre par trillions, la vitesse de ces vibrations qui atteint 300,000 *kilomètres* par seconde, etc.

Mais revenant au choc des molécules gazeuses, il est évident que si elles se raréfient, le nombre des collisions sera moindre. Crookes a mis ce fait en évidence : au moyen de son ampoule si souvent citée, il lançait des molécules du pôle négatif ou cathode contre la paroi de verre opposée. Si les molécules sont trop abondantes, les collisions qui se produisent entre elles contrarient les chocs contre le verre, et si elles sont trop rares, l'ensemble de ces chocs est affaibli. Crookes a trouvé que le maximum d'effet avait lieu pour une pression de un millionième d'atmosphère.

Autour de la cathode, on remarque une zone obscure marquant la distance sans collisions de molécules, puis une lueur verdâtre qui marque la zone de ces collisions. Les chocs produits sur le verre sont assez intenses pour fondre de la cire; une croix en métal placée au centre de l'ampoule arrête les molécules, et il se produit de ce fait au fond de l'ampoule une croix obscure tranchant nettement sur le verre éclairé.

Pour nous rendre compte des propriétés élastiques des gaz, prenons un vase fermé par le haut au moyen d'un piston ; à la pression atmosphérique, les molécules gazeuses par leurs chocs contre le piston, feront contre-poids à l'atmosphère; poussons le piston de façon à réduire de moitié le volume du gaz, que se produira-t-il? Nous aurons dans un espace réduit de moitié le même nombre de molécules, c'est-à-dire dans un même espace deux fois plus de molécules, par suite deux fois plus de chocs, d'où une pression double.

La loi de Mariotte s'explique ainsi parfaitement par la théorie cinétique, et cette dernière se déduit elle-même très simplement des rotations moléculaires hélicoïdales : il est bon de remarquer que les cinétistes, s'ils ont expliqué les effets des mouvements de translation des molécules gazeuzes, n'en ont pas recherché les causes.

Et on comprend bien pourquoi la loi de Mariotte a soin d'ajouter : *pourvu que la température reste constante;* en effet, si le gaz s'échauffait, ce serait une preuve qu'une partie des rotations hélicoïdales se serait transformée en vibrations, d'où diminution des mouvements de progression des molécules, et par suite de pression.

Il est aussi nécessaire que le gaz soit éloigné de son point de liquéfaction, sinon la cohésion commençant à entrer en jeu, ces mêmes mouvements de translation seraient contrariés.

L'influence de la température sur l'élasticité des gaz s'explique aussi aisément. Nous avons vu à l'article chaleur que lorsqu'on chauffe un corps, une partie seulement de la chaleur fournie est consacrée à l'élévation de température ou aux mouvements vibratoires, une autre partie, qui s'élève aux $\frac{3}{5}$ pour les solides, est employée aux mouvements rotatoires hélicoïdaux, causes de la dilatation.

Lorsque donc on chauffe un gaz, outre son élévation de température, il y a dilatation ou expansion et augmentation des mouvements de translation; les pressions sur les parois du vase sont donc, à volume égal, fonction de la température et proportionelles à cette dernière.

Autre considération; en dehors de toute intervention extérieure, on sait qu'un gaz qui se réduit en volume crée de la chaleur; comme ce point est très important en cosmogonie, je vais l'expliquer en suivant la théorie cinétiste : les molécules du gaz se rapprochant en effet, leurs collisions sont plus nombreuses, par suite les vibrations et les rotations plus rapides; les premières produisant de la chaleur, les secondes, d'après notre théorie propre, augmentant la cohésion.

Inversement, la détente d'un gaz produit un abaissement de température par suite de la raréfaction des collisions.

La théorie cinétique des gaz qui explique leurs propriétés est donc elle-même expliquée par les mouvements hélicoïdaux que nous attribuons à la molécule, et si on veut bien considérer la diversité des phénomènes, si différents en apparence, qu'explique ce simple mouvement, peut-on se défendre de le considérer comme une réalité, alors surtout qu'il n'apparaît que comme une conséquence obligée de la constitution de la matière.

Division des énergies moléculaires en deux classes : vibratoires et rotatoires.

Unité de l'énergie. — Source de l'énergie.

Au point où nous sommes arrivés, nous pouvons classer les énergies moléculaires en deux catégories : celles provenant des rotations et celles engendrées par les vibrations des molécules.

Les premières, liées à la constitution de la matière, sont la gravitation, l'affinité, la cohésion, engendrées par la rotation des molécules asymétriques et dont l'électricité et le magnétisme ne sont que des cas particuliers dus, le premier à une exagération de ces rotations et le second à une orientation particulière de ces mêmes rotations. C'est la rotation coordonnée de la molécule qui a engendré la matière (voir Gravitation), les premières énergies nées sont donc les énergies attractives ou rotatoires.

La seconde catégorie, due aux vibrations, se compose de la chaleur et de la lumière. Si la vibration ne peut exister sans rotation préalable, on peut, au contraire, concevoir celle-ci sans vibration ; le monde, ou plutôt la matière, pourrait, à la rigueur, exister sans chaleur et sans lumière. A la vérité la suspension des molécules est tellement délicate, que la moindre cause doit produire leurs oscillations, et en fait rotations et vibrations sont solidaires.

Cette cause de vibrations moléculaires peut-être d'ailleurs attribuée à une irrégularité de surface de la molécule, qui fait qu'elle tourne autour d'un axe non centré; il se produit alors un mouvement de va et vient à la façon d'un excentrique qui n'est autre que la vibration, et ainsi s'explique bien que la chaleur soit née avec la gravitation et que ces énergies varient solidairement.

Chaque énergie peut se transformer en une autre quelconque, ainsi un *courant électrique* parcourant un fil métallique et qui, nous l'avons reconnu, n'est autre chose qu'un courant d'éther, met en mouvement rotatoire toutes les molécules qu'il rencontre, et ce mouvement peut provoquer du magnétisme dans un barreau de fer, décomposer une combinaison chimique en dissociant ses éléments, provoquer enfin des mouvements vibratoires rapides se manifestant par une chaleur et une lumière intenses.

Si nous prenons l'*affinité chimique*, nous reconnaissons qu'une combinaison peut produire de la chaleur ou du froid, suivant que la molécule résultante aura gagné ou perdu en vibrations; de l'électricité positive ou négative, suivant qu'elle aura gagné ou perdu en rotations,

Tout le monde enfin sait que la *chaleur*, mouvement vibratoire, engendre de l'électricité et provoque des actions magnétiques ou chimiques, et ce qui achève de démontrer l'identité des énergies, c'est leur vitesse commune de propagation à travers l'éther.

Les énergies, dont sont le siège les molécules, sont considérables, et les ondes qu'elles émettent vont atteindre les planètes les plus éloignées, elles s'étendent même jusqu'aux étoiles ; celles qui se transmettent le plus loin sont les énergies vibratoires, le mouvement hélicoïdal, en effet, paraît éprouver plus de résistance, aussi la gravitation ne dépasse-t-elle guère notre système solaire, tandis que les vibrations lumineuses nous parviennent des étoiles.

Quelle peut être sur notre planète la cause des énergies, en dehors de toute question d'origine, nul doute que ce ne soit le soleil ; c'est en effet bien lui qui crée la chaleur et la lumière dont nous jouissons, nous pouvons y ajouter l'électricité, malgré son caractère accidentel, et c'est la seule énergie à caractère rotatoire qui nous frappe.

Mais pourquoi, dira-t-on, puisque les rotations ont précédé ou accompagné les vibrations moléculaires, est-ce plutôt la chaleur solaire que sa masse qui dispense son énergie à la terre ? La masse se propage en raison inverse du carré des distances, si donc chaque planète se trouvait avoir vis-à-vis du soleil une masse inférieure à cette proportion, elle recevrait du soleil un apport sous forme d'énergie, mais cet apport n'a pas lieu, parce que toutes les planètes se trouvent pourvues d'une masse supérieure.

Il en est autrement pour la chaleur, qui se propage aussi en raison inverse du carré de la distance ; chaque planète ici se trouve vis-à-vis du soleil en état d'infériorité, tout au moins en ce qui concerne sa surface, et dès lors il y a apport de chaleur solaire.

Toutes les énergies donc peuvent se suppléer; bien plus, il est rare que la manifestation de l'une d'entre elles ne soit pas accompagnée de traces des autres ; une combinaison chimique, par exemple, ne marche guère sans développement de chaleur et d'électricité, et Joule a trouvé qu'une barre de fer devient légèrement plus longue à l'aimantation.

La puissance des énergies moléculaires est telle que, comme nous l'avons indiqué plus haut, une barre de fer chauffée au rouge peut en se refroidissant redresser des murs ; un canon de fusil plein d'eau et hermétiquement fermé éclate à la gelée. Enfin l'eau qui ne peut être que très difficilement comprimée, à tel point qu'on l'a supposée longtemps incompressible, se contracte par un abaissement de quelques degrés.

Source des énergies terrestres moléculaires. — C'est donc la chaleur solaire qui est sur notre planète la cause de toutes les énergies moléculaires sensibles, c'est elle aussi qui nous procure toutes les énergies que l'homme a pu s'asservir en les transformant;

ainsi l'électricité et la chaleur que nous parvenons à produire proviennent des chutes d'eau ou de la houille, véritables accumulateurs de chaleur solaire, avec cette différence, que la chute d'eau représente l'accumulation pendant un court espace de temps, et la houille pendant des milliers de siècles.

Et l'on se demande comment l'homme n'a pas encore réussi à créer un accumulateur de chaleur solaire, remplaçant les chutes d'eau et la houille, et mettant ainsi gratuitement à sa disposition toutes les énergies nécessaires ; la solution de ce grand problème aurait certes d'incalculables conséquences pour l'humanité ; ce sera sans doute l'œuvre du xxe siècle. En attendant nous avons créé l'accumulateur électrique dont la portée n'est et ne pourra jamais être que modeste, la chute d'eau et la houille restant nécessaire à la production de l'électricité.

En dehors de la chaleur solaire, il y a encore une autre énergie, lunaire celle-la : je veux parler des marées dues à la gravitation, ce qui montre bien que cette dernière, sous ses manifestations calmes et pondérées, n'en est pas moins active ; encore une puissance inutilisée.

Toutes les énergies sont dues à une rupture d'équilibre en plus ou en moins, autour d'une moyenne ambiante, et c'est la chaleur solaire qui provoque ces modifications d'équilibre dans les fluides qui courent à la surface de la terre.

Cette déséquilibration produit dans l'air les vents,

l'évaporation suivie de la condensation de l'eau en pluie; dans l'eau elle se traduit par les courants, les chutes d'eau, etc., ce sont là les sources d'énergie météoriques dont nous disposons.

Une seule restait en dehors, l'électricité ; or elle résulte de la déséquilibration de l'éther produite également par la chaleur solaire, et du rétablissement d'équilibre qui en est la conséquence.

Nul doute, si nous connaissions une énergie nouvelle, qu'elle ne fût l'indice d'un nouveau fluide que rien jusqu'ici ne nous fait soupçonner; car les fluides électriques magnétiques, neutres, positifs, négatifs, et le fluide gravifique par lequel certains auteurs ont voulu expliquer l'attraction universelle, et qui ressemble si fort aux excentriques et aux épicycles qui ont si longtemps retardé l'avènement de la nouvelle astronomie, ces fluides, dis-je, sont inutiles et même encombrants. L'éther, tour à tour actif et passif, suffit à tout, explique tout.

C'est donc l'instabilité des fluides terrestres qui crée les énergies terrestres, de même que l'instabilité de la matière a créé et entretient la vie. Si à un moment donné, en effet, la proportion de chaque énergie terrestre restait fixe et immuable, tout échange étant impossible, le mouvement et la vie le seraient également; supposons pour un instant la terre tournant au soleil toujours la même face, accomplissant sa révolution et sa rotation dans le plan même de l'équateur solaire, etc., aucune cause de rupture d'équilibre n'existant, il n'y aurait plus ni vents, ni pluies, ni manifestations énergiques d'aucune sorte, pas même celles de la vie, qui ont aussi pour condition l'instabilité.

Si donc le soleil qui met en jeu l'instabilité météorique venait à s'éteindre, tout mouvement et toute vie cesseraient à la surface de la terre.

La lune, qui ne possède ni eau ni air, ne peut connaître qu'une seule énergie, l'électricité.

Chaleur solaire

En étudiant la chaleur et ses effets, nous avons reconnu que lorsqu'on chauffait un corps solide, liquide ou gazeux, il se dilatait d'une façon uniforme avec l'élévation de la température; nous en avons conclu qu'il y avait une relation fixe entre les vibrations qui sont la cause de la chaleur, et les rotations qui sont la cause de l'écartement des molécules ; ce sont là des résultats scientifiques.

Mais nous avons attribué aux mêmes mouvements rotatoires, toutes les énergies attractives : cohésion, affinité, masse ; il y aurait donc solidarité entre elles et la chaleur, et pour ce qui concerne le soleil notamment, masse, cohésion, affinité seraient nées et se seraient développées parallèlement à la chaleur. Or, un parallélisme absolu serait difficilement explicable ;

cette solidarité, nous devons la rechercher dans une cause unique.

Pour les besoins de l'explication des énergies attractives, nous avons dû supposer une irrégularité de l'atome primordial ; cette irrégularité suffisait à le douer d'un mouvement de progression hélicoïdal suivant la ligne des pôles, mais suivant l'équateur quel effet serait produit? Prenons encore pour exemple la toupie : si sur un côté nous clouons une protubérance de bois, au lieu de tourner rond, elle tournera à la façon d'un excentrique, comprimant et raréfiant l'air tour à tour, ce qui est la manière d'être des ondes vibratoires.

Mais une condition indispensable pour que ces vibrations se produisent, c'est que l'axe de la toupie ou de l'atome sera fixe, ce qui exige qu'il soit lié à d'autres atomes, en un mot qu'il soit partie intégrante de la matière ; et les vibrations seront d'autant plus franches et plus nettes, que la liaison sera plus intime, c'est-à-dire que la matière se sera mieux affirmée, de même qu'une corde bien tendue vibre mieux qu'une corde lache; un atome isolé ne saurait donc vibrer.

Le nombre des rotations moléculaires serait alors le même que celui des vibrations, du moins en ce qui concerne la chaleur solaire, des vibrations secondaires pouvant avoir une autre cause, telles celles résultant d'un choc.

Nous pouvons donc vraiment conclure que les énergies n'ont qu'une seule cause, la rotation de l'atome, mais cette rotation, engendrant les énergies attractives, a créé par suite la matière : matière et énergie ont donc une cause commune ; et paraphrasant, en le réduisant à un seul terme, le fameux *desideratum* de Descartes, nous pourrons dire : donnez-nous l'atome et nous créerons le monde, bien plus, il se créera seul fatalement.

TROISIÈME PARTIE

TROISIÈME PARTIE

FORMATION ET FIN D'UN MONDE

Gravification et condensation de l'éther. Matière pondérable et impondérable.

Lorsque William Herschell eut découvert ses 2,500 nébuleuses et reconnu leurs divers degrés de condensation depuis la nébuleuse diffuse jusqu'à celles pourvues de noyau, il eut l'idée qu'il avait sous les yeux toutes les phases de la formation d'un monde, « comme dans une vaste forêt on peut suivre » l'accroissement des arbres sur les individus des » divers âges qu'elle renferme », suivant la comparaison de Laplace.

Le point de départ du système solaire paraît bien être, en effet, une nébuleuse ; et c'est de là que part Laplace, en décrivant comme suit, dans son Introduction à la *Théorie des probabilités,* le début de la formation solaire :

« La considération des mouvements planétaires » nous conduit à penser qu'en vertu d'une chaleur » excessive, l'atmosphère du soleil s'est primitive- » ment étendue au-delà des orbes de toutes les » planètes, et qu'elle s'est resserrée successivement » jusqu'à nos limites actuelles.

» Dans l'état primitif où nous supposons le soleil, » il ressemblait aux nébuleuses que le télescope » nous montre composées d'un noyau plus ou moins » brillant, entouré d'une nébulosité qui, en se con- » densant à la surface du noyau, le transforma en » étoile ; si l'on conçoit par analogie toutes les » étoiles formées de cette manière, on peut imaginer » leur état antérieur de nébulosité précédé lui-même » par d'autres états, dans lesquels la matière nébu- » leuse était de plus en plus diffuse ; le noyau étant » de moins en moins nébuleux, on arrive ainsi, en » remontant aussi loin qu'il est possible, à une nébu- » losité tellement diffuse, que l'on pourrait à peine » en soupçonner l'existence. »

Ainsi, Laplace ne pouvant se rendre compte de la chaleur solaire, l'attribuait sans autre explication à une température excessive de la nébuleuse primordiale. Poisson, lui, supposait que cette température avait été acquise par le passage de la nébuleuse à travers un point très chaud de l'espace ; depuis lors, les progrès de la physique ont conduit deux savants,

Helmholtz et Thomson, à expliquer la chaleur solaire par la condensation de la nébuleuse qui, primitivement à la température de l'espace ou le zéro absolu que l'on suppose être — 273°, s'est progressivement échauffée par le fait même de sa condensation. Au rebours de ce qui se passe dans nos laboratoires, où un gaz chaud diminue de volume en se refroidissant, cosmiquement c'est le contraire qui se produit, et on conçoit que la raison pure, en dehors de toute expérience, ait mis longtemps à mettre ce résultat pourtant scientifique en évidence.

Laplace part donc d'une matière très diffuse, mais sans expliquer d'où elle provient, pourquoi elle se condense, et surtout a commencé à se condenser ; il laisse donc l'esprit mal satisfait, et c'est cette lacune que je me propose de combler.

Dans l'article qui traite de la gravitation, nous avons cherché à démontrer que l'attraction universelle était due à la rotation des molécules qui, en même temps qu'elles provoquaient une orientation dans les molécules des corps voisins, étaient, de par leur forme hélicoïdale, ou simplement irrégulière, la cause d'un mouvement de progression dans l'éther.

L'attraction et la cohésion caractéristiques des corps dits pondérables étant due à la rotation des molécules, toute parcelle de substance non douée de cette rotation doit être impondérable ; or, la matière primitive, l'éther qui remplit l'espace, est impondérable. Si par un moyen quelconque elle peut acquérir la rotation dans des conditions appropriées, cette dernière lui conférant la pondérabilité en fera une sorte de matière organisée, celle de notre monde, en un mot, intermédiaire entre la matière impondérable et la matière vivante.

Mais n'anticipons pas. Dans le chapitre traitant de l'élasticité des gaz, nous avons reconnu que les molécules gazeuzes étaient en perpétuel mouvement avec des vitesses considérables, et d'autant plus qu'elles étaient plus raréfiées, par suite de la diminution du nombre des collisions ; or, la matière à l'état de plus grande raréfaction que nous puissions imaginer, n'est-ce pas cet éther qui remplit l'espace. C'est donc à lui que, d'après Crookes, il faut remonter.

Les particules d'éther donc, à l'égal sans doute de celles des gaz raréfiés, sont animées de mouvements rapides à collisions fréquentes. Dans ces collisions, deux choses peuvent se produire : ou bien les particules primordiales sont parfaitement élastiques et rebondissent sous le choc sans rien perdre de leur énergie, ou bien elles sont parfaitement dures, et alors que se passe-t-il ? Certains auteurs prétendent que le choc de deux particules dures doit produire de la chaleur, et par suite une déperdition de force vive qui ne tarderait pas à réduire au repos toutes les particules éthérées ; tel n'est pas notre avis.

Une particule élastique, au sens habituel du mot, c'est-à-dire susceptible de se comprimer, suppose des vides intérieurs incompatibles avec l'idée d'un atome absolument indivisible ; un atome doit donc être un corps parfaitement dur ; or, qu'est-ce qui empêche de considérer cet atome comme parfaitement élastique, c'est-à-dire n'absorbant dans un choc aucune parcelle d'énergie ?

Que voit-on, en effet, se produire dans un choc entre corps élastiques ? Ils se déforment tout d'abord et reprennent ensuite leur forme primitive, ils absorbent tout d'abord de l'énergie, puis ils la restituent ; cette déformation peut être très forte, comme dans une balle de caoutchouc, ou très faible comme dans le cas d'une dalle et d'une bille de marbre ; or, dans ce dernier cas, la bille rebondira parfaitement sur le marbre, quoique ce corps soit classé comme dur ; mais si ce corps très dur était parfaitement dur, il est probable que la bille rebondirait sans cesse sans déperdition de mouvement et par suite d'énergie.

Et qu'on y réfléchisse bien : si l'atome, tout dur qu'il doit être, n'était pas parfaitement élastique, il absorberait de l'énergie dans le choc, mais sous quelle forme ? De chaleur ? Nous savons que cette dernière résulte de la vibration des atomes ou molécules ; or, un atome isolé ne saurait vibrer : il faut, comme dans la matière, qu'il soit solidaire de molécules voisines, qu'il soit suspendu, qu'il puisse, en un mot, être considéré comme un vrai ressort.

Nous avons bien vu, dans le chapitre traitant de la chaleur solaire, que la chaleur acquise par condensation pouvait être considérée comme résultant de la rotation de l'atome excentré ou irrégulier, mais pour que l'alternative des pressions et raréfactions puisse se produire, il faut que l'axe reste fixe, ce qui ne peut être dans un atome isolé.

La chaleur est une propriété de la matière, elle résulte de sa constitution. L'atome éthéré ne peut vibrer ni par suite absorber ou émettre de la chaleur.

C'est donc sous la forme de rotation seule de l'atome que l'énergie résultant des collisions pourra être emmagasinée ; mais alors elle ne sera pas perdue et servira, au contraire, à constituer la matière et à former les mondes, comme nous le verrons au chapitre suivant.

Formation d'une nébuleuse

L'éther étant admis, ses atomes seront en repos ou en mouvement. Or, le repos n'existe pas; les atomes fourniront donc des courses rapides, comme il a été dit à l'article traitant de l'élasticité des gaz, et viendront se heurter fréquemment.

Or, sauf le cas de rencontre dans la ligne des centres, les collisions produiront des rotations, brusquement contrariées par les collisions suivantes. Mais supposons que la rotation persiste un certain temps : les ondes émises, quoique de très faible intensité, peuvent rencontrer dans leur sphère d'influence un autre atome tournant dans les mêmes conditions favorables, et l'affinité entrant en jeu, nous avons un premier système de deux atomes désormais liés, ou d'une molécule d'éther.

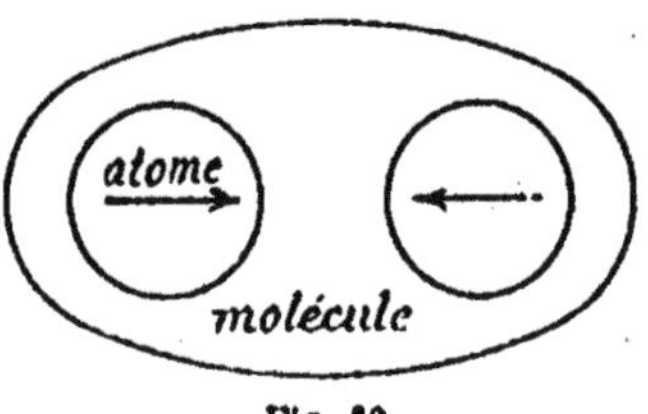

Fig. 38

En perdant ses mouvements désordonnés, l'atome impondérable est devenu matière; mais dans cette union de deux atomes, comme dans toutes les combinaisons dues à l'affinité, il a perdu son caractère primitif d'éther.

Le point de départ de la matière est donc la molécule formée de deux atomes conjugués et de sens contraires, tout comme la cellule organique est formée de deux cellules conjuguées et de noms contraires. Et, de fait, la matière n'est-elle pas une vraie substance organisée, toute en mouvements, premier degré de la matière animée ?

L'affinité qui a créé la molécule, infiniment petit de la matière, n'est elle-même que l'embryon ou l'infiniment petit de la future gravitation. La molécule-embryon, j'allais dire la cellule, donnera naissance soit à un organisme rudimentaire, soit à un organisme stellaire, si toutefois elle n'avorte dès le début.

Si l'atome éthéré, avec ses rotations incoordonnées, n'émettait que des ondes à chaque instant changeantes, par contre, la première molécule, où les mouvements des deux atomes sont désormais liés, émettra des ondes fixées aussi, auxquelles peu à peu viendront s'adjoindre de nouveaux atomes ou de nouvelles molécules passant à leur portée dans des conditions favorables.

Par ces acquisitions nouvelles, la nébuleuse s'accroît et, l'onde résultante gagnant en puissance, les molécules se rapprochent, leurs collisions deviennent plus fréquentes, et par suite leurs rotations et les mouvements hélicoïdaux qui en sont la conséquence ;

ces derniers, à leur tour, produisent un rapprochement plus étroit des molécules, c'est-à-dire une nouvelle condensation, et c'est ainsi que, de proche en proche, l'attraction et la condensation réagissant l'une sur l'autre, la nébuleuse, tout en gagnant de nouveaux matériaux, se contracte de plus en plus. L'énergie moléculaire n'a pas varié, mais les mouvements de translation rapides primitifs se sont en partie et progressivement changés en rotations et vibrations.

Mais la condensation n'est pas le seul effet produit. Dans le chapitre qui traite de la gravitation, nous avons vu que la masse d'un corps est plutôt due à la rapidité des mouvements hélicoïdaux qu'à la quantité des atomes ou molécules qui entrent dans sa composition ; donc, par le seul fait de sa condensation, la masse de la nébuleuse s'accroît, et au centre d'émission des ondes ou centre de gravité, ne tarde pas à se former un noyau.

Entre temps, l'affinité entrant en jeu d'une façon plus étroite, a créé de nouvelles molécules éthérées qui ne sont sans doute que les atomes des corps simples ; car nous savons, par l'analyse spectrale, que les corps simples n'apparaissent qu'au fur et à mesure de l'évolution des nébuleuses.

A ces deux effets, condensation et accroissement de masse, un troisième est venu se joindre, qui les accompagne sans cesse, je veux dire la chaleur. En effet, en traitant de la chaleur solaire, nous avons démontré que les vibrations et rotations étant solidaires, chaleur et masse s'étaient développées ensemble; la seule condition, comme nous l'avons vu plus haut, étant que l'axe fût bien fixé, ce qui est précisément la caractéristique de l'atome matériel. De telle sorte que l'on peut conclure que le mouvement rotatoire atomique a suffi à tout.

La chaleur a donc suivi la masse et en est une conséquence; c'est cependant elle qui nous frappe le plus, et à laquelle on a toujours attribué l'influence prépondérante.

Telle est, je pense, et sans avoir recours à aucune hypothèse qui ne s'appuie sur la constitution de la matière, la façon dont, à partir de l'éther, se sont formées les nébuleuses planétaires.

La nébuleuse ainsi formée, présentera la forme sphérique, que doit prendre tout corps affranchi d'influences extérieures; mais sera-t-elle immobile dans l'espace? L'immobilité exigerait le concours de circonstances tellement exceptionnelles, qu'on peut affirmer qu'elle n'existe pas dans la nature, et si à un moment ces circonstances se rencontraient, l'instant d'après elles n'existeraient plus; or la nébuleuse n'a pu se condenser d'une manière homogène, et les collisions des molécules entre elles lui ont été une première cause de mouvement.

Or les mouvements que peut prendre une sphère sont au nombre de deux: une translation et une rotation, laquelle a dû sans doute être très faible à l'origine. C'est suivant la manière ci-dessus indiquée que Kant avait donné le mouvement à sa nébuleuse, et voici en quels termes il s'exprime à ce sujet, dans son *Histoire naturelle du ciel,* publiée en 1754 :

« Admettons donc qu'à l'origine, la matière du » soleil et des planètes ait été répandue dans tout » l'espace occupé par la nébuleuse, et qu'il se soit » trouvé quelque part, là où le soleil s'est effective- » ment formé, une légère prépondérance de densité » et par suite d'attraction. Aussitôt une tendance » générale s'est prononcée vers ce point, les maté- » riaux y ont afflué, et peu à peu cette masse pre- » mière a grandi.

» Bien que des matériaux de densités différentes se » trouvassent partout, cependant les plus lourds ont » dû particulièrement se presser dans cette région » centrale, car seuls ils ont réussi à pénétrer à tra- » vers ce chaos de matériaux plus légers et à s'ap- » procher du centre de la gravitation générale. Or, » dans les mouvements qui devaient résulter de la » chute inégale de ces corps, les résistances produi- » tes entre les particules se gênant les unes les » autres n'ont pû être si parfaitement les mêmes en » tous sens, qu'il n'en soit résulté ça et là des dévia- » tions latérales ; en pareil cas s'applique une loi » générale des réactions mutuelles des corps, à savoir » que ces corps se détournent et tâtonnent pour ainsi » dire jusqu'à ce qu'ils aient trouvé le chemin de la » moindre résistance ; ces déviations latérales abou-

» tissent donc forcément à une circulation immense
» dans le même sens et dans la même région, et
» même les particules dont le soleil a été formé lui
» sont parvenues affectées déjà par ce genre de
» déviation, en sorte que le corps résultant, le soleil,
» s'est trouvé animé d'une rotation dans le même
» sens ».

M. Faye s'élève contre cette théorie et prétend que la mécanique exige que la somme des poussées soit rigoureusement nulle, et cela serait vrai en effet pour un corps de composition et de température absolument homogènes, qui dans la réalité n'existe pas ; la raison paraît donc être du côté de Kant.

Quant à Laplace, nous avons déjà dit qu'il était parti d'une nébuleuse déjà douée d'une faible rotation, et en outre pourvue d'une température considérable ; cela dit, exposons l'hypothèse de Laplace qui, en dépit de quelques objections que je chercherai à expliquer, rend si admirablement compte du système solaire.

Formation du système planétaire

On connaît cette séduisante hypothèse que Laplace a consignée dans une simple note, « comme paraissant » résulter avec une grande vraisemblance des phéno- » mènes connus, mais qu'il présente avec la défiance » que doit inspirer tout ce qui n'est pas un résultat » de l'observation ou du calcul ».

Laplace prend son point de départ dans la nébuleuse que nous avons laissée animée d'un faible mouvement de rotation. La condensation se poursuivant, la vitesse de rotation s'est accrue en vertu du principe des aires, qui exige que la somme des aires décrites par les rayons vecteurs de chaque molécule reste constante, d'où cette conséquence que si le rayon diminue, la vitesse doit augmenter. Nous savons d'autre part qu'une sphère fluide qui tourne tend à se renfler à l'équateur ; au bout d'un temps qui dût être fort long, la force centrifuge due à la vitesse de rotation fut telle, que le bourrelet

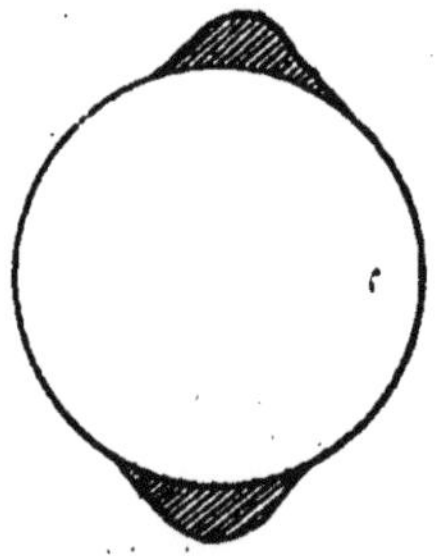
Fig. 39

équatorial se détacha; ce dernier continuant à tourner sous forme d'anneau indépendant, se rompit en un point, et finit par se condenser autour d'un centre prépondérant en une sphère qui fut l'origine de la planète la plus éloignée, Saturne. La nébuleuse mère devait à ce moment faire un tour sur elle même en 165 ans qui est la durée de la révolution de Saturne, et M. Faye estime qu'avant d'atteindre cette vitesse, la nébuleuse dût se réduire de dix fois son diamètre.

Sans doute une rotation qui dure 165 ans paraît bien faible pour pouvoir détacher une parcelle quelconque par sa force centrifuge; mais il ne faut pas perdre de vue que l'attraction était bien faible aussi à la distance de Neptune, et en outre que la cohésion et la masse nébuleuse devaient être encore à l'état rudimentaires.

De la même manière, se détachèrent Uranus, lorsque la nébuleuse tournait en 84 ans, puis Saturne, Jupiter, Mars, la Terre, Vénus, enfin Mercure lorsqu'elle tournait en 87 jours.

Entre Mars et Jupiter se trouve un essaim de petites planètes au nombre de 422 jusqu'ici, car on en découvre chaque jour de nouvelles; ces planètes sont dues, d'après Olbers, à la rupture ou l'explosion d'une grande planète, mais elles résultent bien plutôt de la fragmentation d'un anneau autour de 422 centres différents, car les moyens violents répugnent aux lois physiques, et dans la nature tout se déroule lentement et pacifiquement : *natura non facit saltum.*

Voici comment on peut encore expliquer la formation de ces petits globes, Jupiter qui est la plus grosse planète de notre système, 1,300 fois plus puissante que la terre, était formé lorsque se montra prêt à se détacher le bourrelet suivant, il est possible que l'attraction de Jupiter ait réussi à soustraire à plusieurs reprises une portion de matière cosmique, jusqu'à disparition totale du bourrelet.

Les planètes que nous avons énumérées au nombre de huit, sont-elles les seules qui peuplent notre monde solaire ? On ne peut l'affirmer, la plus éloignée, Neptune, est de découverte relativement récente et reconnue par les calculs de Leverrier avant de l'avoir été par l'observation. D'autre part, Leverrier, étudiant Mercure, a trouvé que le mouvement de sa périhélie est supérieur de 38" à celui qui résulte du calcul des attractions planétaires ; il attribuait cette anomalie à la présence troublante d'une planète intramercurielle, et comme pour donner raison à cette hypothèse, le 26 mars 1859, le docteur Lescarbault apercevait une tache sur le soleil ; en 1878 enfin, Watson, pendant une éclipse de soleil, voyait une petite planète qu'il appelait Vulcain, plus tard il crut même découvrir un second Vulcain.

Les Vulcains ne sont pas encore classés officiellement, le Bureau des longitudes les ignore.

Le soleil, qui n'a pas fini de se contracter, pourra-t-il abandonner de nouvelles planètes, c'est peu probable, car il faudrait pour cela qu'il tournât 219 fois plus vite.

Chaque anneau cosmique, abandonné à lui-même, a formé, comme nous l'avons dit, une nébuleuse qui a reproduit sur une plus petite échelle les effets de la grande ; les satellites que les planètes se sont ainsi donnés sont des lunes, et vis-à-vis d'elles, chaque planète a dû longtemps jouer le rôle de soleil, que dis-je, chaque lune a elle-même brillé comme un soleil ; mais là s'est arrêté le fractionnement, car pour des raisons que nous expliquerons plus loin, les lunes n'ont pu se donner de satellites.

De tous les anneaux successivement détachés du soleil ou des planètes, une seule a conservé les siens, témoignage irrécusable de la vérité de l'hypothèse de Laplace, et voici en quels termes il s'exprime lui-même à ce sujet dans son *Système du monde :*

« La distribution régulière de la masse des anneaux » de Saturne autour de son centre et dans le plan de » son équateur, résulte naturellement de cette hypo- » thèse, et sans elle devient inexplicable, ces anneaux » me paraissent être des preuves toujours subsis- » tantes de l'extension primitive de l'atmosphère de » Saturne et de ses retraites successives.

» Ainsi les phénomènes singuliers du peu d'excen- » tricité des orbes des planètes et des satellites, du » peu d'inclinaison de ces orbes à l'équateur solaire » et de l'identité de sens des mouvements de rotation » et de révolution de tous ces corps avec celui de la » rotation du soleil, viennent à l'appui de l'hypothèse » que nous proposons, et lui donnent une grande » vraisemblance. »

Nous avons bien dit anneaux, car il est prouvé, ce que Kant avait pressenti, que pour des motifs de stabilité, l'anneau primitif de Saturne avait dû se rompre circulairement, chaque anneau ayant sa rotation propre ; comment sans cela les lois de la gravitation auraient-elles pu être obéies, les points les plus éloignés devant avoir les vitesses les plus faibles.

On peut se poser la question de savoir si les anneaux de Saturne n'ont pas été détachés alors que la planète était déjà liquide, on pourrait le supposer à voir le rapprochement de l'anneau intérieur, qui n'est distant de la planète que d'un demi-rayon, à moins que, primitivement fort éloigné, l'anneau, en se condensant, se soit rapproché.

Fig. 40

Tout ce qu'on peut conclure, c'est que les anneaux qui ne sont pas gazeux ne peuvent être que liquides ou composés de particules solides pouvant glisser les unes sur les autres, afin de ne pas être disloqués par l'attraction de la planète et celle de ses huit satellites.

L'épaisseur des anneaux n'est que de 60 kilomètres, tandis que leur largeur est 11,800, soit près de 200 fois plus. Les anneaux de Saturne aperçus par Galilée firent son désespoir, car il ne put jamais les comprendre.

Un physicien de Bruxelles, M. Plateau, a prouvé expérimentalement la vraisemblance de la théorie de Laplace en reproduisant un système suivant ses données. Voici comment se dispose l'expérience : dans un liquide formé d'un mélange d'eau et d'alcool ayant même densité que l'huile d'olive, on introduit une certaine quantité de cette dernière qui se rassemble aussitôt en boule, on traverse cette boule par une tige de fer et on lui imprime un mouvement de rotation progressif, le sphéroïde s'aplatit et, à un certain moment, le renflement se détache en anneau qui continue à circuler autour de la sphère mère ; mais de lui-même l'anneau se brise et se réunit en sphère : voilà donc en miniature un monde constitué.

On conçoit bien que de la façon dont se sont formées les planètes, elles ne doivent représenter qu'une faible partie de la masse du soleil, elles n'en sont en effet que la $\frac{1}{740}$ partie.

Newton, malgré son génie, n'avait pu comprendre l'harmonie du monde, comme il le montre assez dans ses *Principes* :

« Tous ces mouvements si réguliers, dit-il, n'ont » point de causes mécaniques, puisque les comètes » se meuvent dans toutes les parties du ciel et dans » des orbes fort excentriques... Cet admirable arran- » gement du soleil, des planètes et des comètes ne » peut être que l'ouvrage d'un être intelligent et tout » puissant. »

A la fin de son optique, il prévoit même que tout

cet organisme finira par se détraquer, « jusqu'à ce » qu'enfin ce système ait besoin d'être remis en place » par son auteur ».

Laplace a prouvé mathématiquement que la faible inclinaison des orbites des planètes assurait la stabilité du système solaire, que leurs écarts devaient être fatalement maintenus entre certaines limites très étroites, et que seule la longueur du grand axe de chaque orbite demeurait invariable. Or, les faibles inclinaisons des orbites entre elles résultent de l'hypothèse de Laplace, car il ajoute lui-même dans son exposé du *Système du monde* :

« Si le système solaire s'était formé avec une par-
» faite régularité, les orbites des corps qui le com-
» posent seraient des cercles dont les plans, ainsi que
» ceux des divers équateurs et des anneaux, coïnci-
» deraient avec le plan de l'équateur solaire ; mais
» on conçoit que les variétés sans nombre qui ont dû
» exister dans la température et la densité des diver-
» ses parties de ces grandes masses ont produit les
» excentricités de leurs orbites et les déviations de
» leurs mouvements du plan de cet équateur. »

En dehors de la question de formation, il est intéressant de connaître le degré de ténuité de la nébuleuse primitive. En supposant qu'elle s'étendît seulement jusqu'à Neptune, on trouve en comparant le volume occupé avec le poids des corps du système solaire, que sa densité était quatre cent millions de fois plus faible que celle de l'hydrogène, et en supposant qu'elle s'étendit dix fois au-delà, comme l'admet M. Faye, cette densité serait mille fois moindre encore.

On s'imagine ce que la condensation d'une substance aussi raréfiée en la masse des corps solaires a dû produire de chaleur. Nous vivons sans doute sur son reste et en vivrons longtemps encore; car, selon toute apparence, le soleil, dont la densité n'est que le quart de celle de la terre, n'a pas fini de se contracter.

Helmholtz et Thomson ont trouvé que la chaleur émise par le soleil depuis la formation de la croûte terrestre durait depuis vingt millions d'années.

Notre recherche de la densité de la nébuleuse par comparaison avec les masses actuelles des corps de notre système solaire n'a pas, il s'en faut, un caractère absolu de certitude. Nous avons en effet démontré que les masses ont été plutôt dues à la rotation acquise des molécules par suite de leur condensation qu'au nombre même de ces molécules, de sorte que la densité cherchée serait encore beaucoup moindre que celle trouvée ci-dessus.

Satellites. — Les astronomes n'ont pas encore découvert de satellites à Mercure et à Vénus, peut-être à cause de leur proximité du soleil qui rend leur observation si difficile, si d'ailleurs les dernières observations attribuant à ces deux planètes une durée de rotation égale à celle de leur révolution sont exactes, leur vitesse a de tout temps été insuffisante pour détacher la moindre parcelle de leur masse.

La Terre possède un satellite ; Mars, deux ; Jupiter, cinq, dont le dernier découvert en 1892 ; Saturne, huit, outre ses anneaux ; Uranus, quatre ; Neptune, un.

Une particularité des satellites, c'est que tous ceux qu'il a été possible d'étudier, tournent comme notre lune, toujours la même face à leur planète. Lagrange a démontré que ce phénomène était dû à un renflement du satellite vers la terre, telle une goutte d'eau suspendue à une bulle de savon et qui met obstacle à sa rotation ; ce renflement, qui s'est produit alors que la lune était encore fluide, a suffi à fixer vers la terre ce satellite primitivement doué d'un très faible mouvement de rotation. Laplace et Arago constatent en effet que, s'il avait possédé à l'origine une petite vitesse, l'attraction de la planète l'aurait effacée ; mais nous reviendrons sur cette importante question dans le chapitre suivant.

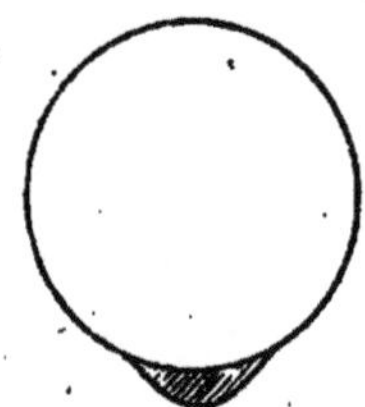
Fig. 41

On conçoit que, d'après la faible rotation des satellites, ils n'aient pu détacher des satellites secondaires.

Képler avait reconnu que les orbites parcourues par les divers corps du système planétaire étaient des ellipses ; pourquoi des ellipses et non des cercles ? Laplace nous l'a expliqué : c'est parce que la condensation s'est effectuée dans des conditions forcément inégales de densité et de température.

Première objection au système de Laplace.

Mouvements de rotation rétrogrades d'Uranus et de Neptune.

Lorsque Laplace imagina son système, il ne connaissait que les six planètes des anciens, toutes tournaient dans ce qu'on appelle le sens direct, c'est-à-de l'ouest à l'est; il en avait conclu que toutes les probabilités étaient que si l'on découvrait de nouvelles planètes elles tournassent toutes dans le même sens ; or, les satellites d'Uranus et de Neptune tournent en sens inverse. Quelques astronomes, M. Faye notamment, sont partis de là pour contester l'hypothèse de Laplace et en imaginer de nouvelles dont nous parlerons plus loin.

Mais auparavant examinons ce qui s'est passé aussitôt qu'un anneau s'est détaché circulairement de la nébuleuse solaire ; dès le premier instant, l'anneau a continué à tourner tout d'une pièce autour de la nébuleuse mère, les vitesses restant comme primitivement proportionnelles aux distances au centre de rotation;

mais après la rupture de l'anneau et peut-être avant, comme dans les anneaux de Saturne, la loi de la gravitation a repris ses droits, qui, elle, exige que les vitesses soient inversement proportionnelles aux carrés des distances ; le filet B a donc eu dès l'abord une tendance à se ralentir par rapport au filet A, mais si B devient plus lent que A, il en doit résulter un mouvement rétrograde de la planète ; d'après la loi de la gravitation, toutes les planètes devraient donc tourner dans le sens rétrograde.

Fig. 42

Or, les mouvements de rotation connus étaient tous directs ; Laplace, pour les expliquer, supposait que le frottement des diverses couches circulaires les unes contre les autres avait dû maintenir le mouvement d'ensemble primitif, en dépit de l'attraction universelle ; Uranus et Neptune sont venus prouver le contraire, de même d'ailleurs que les anneaux de Saturne qui ont dû se briser en largeur pour obéir à cette loi.

Deux satellites d'Uranus avaient été découverts en 1787 par William Herschell, mais avaient passé inaperçus, deux autres le furent en 1851, tous les quatre ont des mouvements presque perpendiculaires à l'écliptique, mais dépassant 90° ; ils sont donc légèrement rétrogrades.

En 1846, Lassel découvrit à Neptune un satellite, qui, lui, avait un mouvement franchement rétrograde, son inclinaison sur l'écliptique étant de 142° 40'.

« Uranus, dit Faye, dans son ouvrage sur l'*Origine » du monde,* portait un coup fatal aux idées de La- » place ; on a bien cherché à l'atténuer en le traitant » comme un simple accident sans importance qui » serait survenu aux confins du monde, mais plus » tard la découverte de Neptune, dont le satellite est » encore plus nettement rétrograde, aurait dû ouvrir » les yeux. Il en résulte en effet que, dans le monde » solaire ainsi doublé d'étendue, il faut désormais » distinguer deux régions par rapport aux rotations » des planètes et aux mouvements de leurs satelli- » tes ; la région intérieure où les planètes ancienne- » ment connues tournent sur elles-mêmes avec leurs » satellites dans le sens direct et la région extérieure » bien plus vaste, où les satellites circulent autour » de leurs planètes dans le sens rétrograde.

» Dès lors, l'hypothèse cosmogonique de Laplace, » fondée sur une erreur de théorie mise en pleine » évidence par les faits, est inacceptable. »

Voici donc la théorie que propose M. Faye :

Théorie de Faye. — Dans la nébuleuse solaire primitive ayant la forme d'une spirale, les deux sphères extérieures se détachèrent, tandis que la portion intérieure continuait à se condenser en restant homogène, c'est-à-dire, d'après Faye, dépourvue de masse, c'est dans cet état que se formèrent les six planètes intérieures à partir de Saturne.

La nébuleuse solaire étant dépourvue d'attraction, les anneaux générateurs des planètes intérieures continuèrent à tourner avec les vitesses relatives initiales, c'est-à-dire proportionnelles à la distance au centre, le filet extérieur étant le plus rapide, d'où, lors de la condensation en sphère, les mouvements directs de ces dernières.

Mais lorsque les spires extérieures se réduisirent en anneaux, et surtout ces derniers en planètes, la masse du soleil était déjà née, et dès lors les lois de la gravitation agissant sur eux, les mouvements de rotation furent rétrogrades. Cette théorie a été adoptée par plusieurs savants, Stanislas Meunier, de Lapparent, etc... ; mais elle soulève à notre avis des objections graves : d'abord elle fait naître le monde solaire sous l'empire de deux lois, elle suppose ensuite qu'une nébuleuse ne possède de masse qu'à partir d'un certain moment, en outre, les planètes les plus éloignées auraient été formées les dernières ; et tandis que nous voyons partout les phénomènes suivre les voies les plus simples, nous ne rencontrons ici que complication ; mais en plus de ces raisons de sentiment, l'hypothèse de Faye, a contre elle des impossibilités matérielles.

En 1884, en effet, l'astronome Henry, à la suite de

recherches faites à l'Observatoire de Paris, découvrit sur Uranus des bandes semblables à celles de Jupiter, d'où il semblait résulter que son équateur ne serait incliné sur l'écliptique que de 58°, tandis que les satellites le sont de 98° ; Uranus tournerait donc dans un sens franchement direct et ses satellites dans un sens faiblement rétrograde. Rappelons d'ailleurs que Vénus, rangée par Faye dans sa première catégorie, a son équateur incliné à 75° sur l'écliptique, bien plus par conséquent qu'Uranus.

Autre objection et la plus considérable, Mercure et Vénus, les deux planètes les plus rapprochées du soleil, étaient supposées, jusqu'en ces dernières années, tourner autour du soleil, la première en 24 h. 50', la seconde en 23 h. 21' 22", or, il y a quelques années, Schiaparelli a cru reconnaître que ces deux planètes montraient, comme les lunes vis-à-vis de leurs planètes, toujours la même face au soleil, c'est-à-dire qu'elles tournaient sur elles-mêmes, dans le même temps qu'elles mettaient à tourner autour du soleil, c'est la rotation que leur attribue déjà l'*Annuaire du bureau des longitudes*, quoique avec la mention : « encore incertaine » pour Mercure et « très incertaine » pour Vénus; mais ces rotations sont tellement probables, qu'elles doivent être vraies, la première tout au moins.

Il peut paraître étrange que les mouvements de rotation attribués primitivement à Mercure et à Vénus avec une si grande précision, puisqu'il s'agit de secondes, se soient trouvés erronés dans une aussi grande mesure ; mais il ne faut pas oublier que les observations de ces planètes ont toujours été entourées des plus grandes difficultés, noyées qu'elles sont dans la lumière du soleil.

L'effet produit par le soleil sur Mercure et Vénus, au cas de la réalité des rotations de Schiaparelli, serait donc le même que celui provoqué par les planètes sur leurs satellites, et ce serait une preuve que l'attraction solaire existait déjà lors de leur formation, contrairement à l'hypothèse de Faye.

Explication des mouvements directs et rétrogrades

Nous commencerons par constater que le sens des mouvements de rotation des planètes n'a presque rien de commun avec ceux de translation.

Fig. 43

La translation étant toujours supposée directe, si après son détachement l'anneau planétaire avait continué à tourner tout d'une pièce, la vitesse du filet A se serait trouvée plus faible que celle de B dans la proportion des distances au soleil, c'est-à-dire que la planète après sa formation aurait toujours tourné la même face au soleil ; en d'autres termes, la planète aurait tourné sur elle-même dans le même temps qu'elle mettait à tourner autour de cet astre, Neptune en 165 ans, la terre en un an, etc., mais, et j'insiste sur ce point, elle aurait tourné dans le sens direct.

Si l'on suppose au contraire le filet B plus lent que le filet A, en conformité des lois de l'attraction, c'est-à-dire en raison inverse du carré des distances, la rotation sera faiblement rétrograde : dans les deux cas, la moindre influence aura suffi à modifier les rotations primitives.

L'auteur de la première hypothèse de la nébuleuse, Kant, avait reconnu cette indépendance des mouvements de translation et de rotation, lorsqu'il écrivait dans son *Histoire naturelle du ciel* :

« Mais pourquoi ces mouvements de circulation » qui s'établissent autour d'une planète et qui se » retrouvent dans leurs satellites, ont-ils lieu précisément dans le sens où les planètes se meuvent » elles-mêmes : il n'y a pourtant rien de commun » entre ces deux mouvements, car les particules qui » accompagnent une planète participent toutes à son » mouvement autour du soleil, et sont par suite en » repos relativement à la planète et au soleil lui-même ; l'attraction de la planète est seule l'auteur » de tout ; toutefois le mouvement circulaire qui doit » en résulter, pouvant prendre indifféremment une

» direction ou l'opposée, la moindre influence exté-
» rieure suffira pour la déterminer dans un sens plu-
» tôt que dans l'autre. »

D'après ce qui précède, l'explication des mouvements directs et rétrogrades me paraît fort simple et due à une cause unique en parfait accord avec les lois de la gravitation et l'hypothèse de Laplace.

Les effets de l'attraction solaire ont dû être différents, suivant l'éloignement des planètes. Pour Saturne, Jupiter et toutes les planètes inférieures, qui ont tout d'abord obéi à la loi de la gravitation, c'est-à-dire tourné dans le sens rétrograde ; il s'est passé exactement le même phénomène que pour les satellites vis-à-vis de leurs planètes, à savoir que l'attraction a été suffisante pour que, dès l'instant de la formation de la planète, alors qu'elle n'était animée que d'une rotation rudimentaire, un renflement s'est produit au regard du soleil, grâce auquel, tout comme les lunes, elles ont continué à tourner la même face vers cet astre.

Or, nous savons par notre satellite que, malgré le renflement en goutte d'eau qui s'est produit vis à vis de la terre et qui la maintient tournée vers nous, il se produit un mouvement pendulaire dit *libration réelle*, par lequel elle cherche en vain à s'affranchir ; et voici ce que Arago dit, à cet égard, dans son *Astronomie populaire :*

« Il est contre toute vraisemblance que les mou-
» vements de rotation et de translation de la lune

» se soient trouvés rigoureusement égaux entre eux, » mais il ne répugne pas d'admettre que leur diffé» rence était très petite ; or, cela suffit pour expli» quer le phénomène.

» En effet, lorsque la lune encore fluide tendait à » prendre la forme qui correspondait à son mouve» ment de rotation, l'attraction de notre globe l'al» longea et son grand axe se dirigea vers le centre » de la terre.

» Avec cette forme allongée, la lune peut être » assimilée à un pendule. Lorsqu'un pendule est » écarté de la verticale, l'attraction de la terre l'y » ramène, en lui faisant faire de part et d'autre de » cette ligne des oscillations qui, sans la résistance » de l'air et le frottement du couteau sur lequel » repose l'appareil, conserveraient toujours la même » amplitude. De même, lorsque par l'effet d'une » petite différence entre les mouvements de révolu» tion et de rotation dont il s'agit ici, la dimension » longitudinale de la lune-pendule s'écarte de la ver» ticale, c'est-à-dire de la ligne dirigée vers le centre » de notre globe, l'attraction que ce globe exerce » doit tendre à l'y ramener ; elle doit lui imprimer » autour de sa position primitive un mouvement » oscillatoire qui, n'ayant ici aucune cause amortis» sante, se continuera indéfiniment. »

La libration réelle est aujourd'hui fort peu importante, parce que l'attraction terrestre l'a annihilée, comme le constate Laplace dans la note VII où il expose son hypothèse cosmogonique.

« On conçoit que la lune à l'état de vapeurs for-
» mait par l'attraction puissante de la terre un sphé-
» roïde allongé dont le grand axe devait être dirigé
» sans cesse vers cette planète, par la facilité avec
» laquelle les vapeurs cèdent aux plus petites forces
» qui les animent. L'attraction terrestre continuant
» d'agir de la même manière tant que la lune a été
» dans un état fluide, a dû à la longue, en rappro-
» chant sans cesse les deux mouvements de ce satel-
» lite, faire tomber leur différence dans les limites
» où commence à s'établir leur égalité rigoureuse ;
» ensuite cette attraction a dû anéantir peu à peu
» l'oscillation que cette égalité a produite dans le
» grand axe du sphéroïde dirigé vers la terre. »

Donc, dès le début, l'oscillation pendulaire des six planètes inférieures était assez considérable ; deux cas se sont alors produits : tandis que l'attraction a été suffisante pour maintenir définitivement Mercure et Vénus, elle s'est trouvée trop faible au regard des quatre autres planètes, et voici alors ce qui en est résulté.

La terre, par exemple, encore à l'état de nébuleuse, tournant toujours la même face au soleil, se trouvait de ce fait animée d'un faible mouvement de rotation *direct*, elle tournait en effet sur elle-même en 365 jours ; mais par l'effet de sa contraction et en vertu du principe de la conservation des aires, sa tendance au mouvement s'est acccentuée.

Le mouvement pendulaire s'est accru, et tandis

que dans un sens il contrariait simplement la rotation, dans l'autre il contribuait à l'accélérer; à un moment l'accélération a été telle, que la résistance du renflement gazeux a été vaincue, et la rotation s'est affirmée, puis accélérée dans le sens direct qu'elle possédait auparavant. N'oublions pas qu'à ce moment la lune n'existait pas encore, et ne pouvait contrarier l'action attractive du soleil sur la terre.

Pour ce qui est des deux planètes supérieures, vu leur éloignement, l'attraction solaire n'a à aucun instant été suffisante pour arrêter leurs mouvements primitifs; or, ces mouvements étant rétrogrades de par les lois de la gravitation, l'accélération a eu lieu dans le sens rétrograde. Uranus, qui se trouve à la limite des deux systèmes, a participé de l'indécision due à cette situation; le mouvement paraît être direct pour la planète, légèrement rétrograde par rapport à ses satellites.

Nul doute, d'après ce qui précède, que si au-delà de Neptune on venait à découvrir de nouvelles planètes, leur sens fut franchement rétrograde.

Deuxième objection à la théorie de Laplace tirée des mouvements rapides de quelques satellites

D'après Laplace, un satellite ne saurait avoir de vitesse de révolution supérieure à la vitesse de rotation de la planète mère, car la rotation de cette dernière n'a pu que s'accentuer depuis le détachement de l'anneau lunaire ; or, plusieurs satellites ont des vitesses qui atteignent presque cell.s de leurs planètes, tels le cinquième de Jupiter et les anneaux de Saturne ; l'un des deux satellites de Mars, Phobos, découvert en 1877 par Hall, circule même en 7 h. 39 m., tandis que Mars ne tourne sur lui-même qu'en 24 h. 37 m. 23 s. Faye et les autres auteurs de cosmogonies ont passé cette difficulté sous silence.

Or ne peut-on expliquer cette anomalie de la façon suivante ? Arago a démontré que la comète d'Encke éprouvant une résistance, l'effet produit n'était pas un éloignement du soleil, mais un rapprochement, contrairement à ce qu'on pourrait supposer, la vitesse de la comète s'augmentant par suite au périhélie, et il rappelle à ce propos le mot de Fontenelle : « Quand une chose peut être faite de deux » façons, elle l'est presque toujours de celle qui » d'abord semble la moins naturelle. »

La chose ne peut-elle pas s'être passée ainsi pour les planètes ? Phobos a été abandonnée par Mars à une certaine distance et douée d'une certaine vitesse, si distance et vitesse ne se trouvaient pas être dans le rapport exigé par la gravitation, deux choses ont pu se produire : ou le satellite s'est éloigné ou rapproché pour se mettre d'accord avec sa vitesse, ou cette dernière s'est modifiée, la distance ne variant pas, et ce serait le cas de Phobos.

Mais un élément nouveau intervient ou plutôt est intervenu depuis le détachement des satellites, auquel on ne songe pas. Il ne faut pas oublier en effet que, d'après notre théorie, la masse de la planète, élément essentiel des vitesses de révolution des satellites, ne s'est formée que peu à peu, par suite de la condensation de la matière ; or, la masse d'une planète est ou paraît être indépendante de sa vitesse de rotation. La liaison que l'on a cherché à établir entre la durée de rotation d'une planète et celle de la révolution de son satellite n'existe donc pas, ou plutôt n'a existé qu'au moment du détachement. Et comme depuis le détachement la masse de la planète s'est accrue, la vitesse de révolution du satellite s'est accrue également.

Le cadre de cet exposé est trop restreint pour me permettre de citer d'autres idées cosmogoniques de valeur, qui toutes tendent à concilier dans une même théorie les mouvements directs et rétrogrades des planètes, telle la nébuleuse de M. de Ligondès qui, s'aplatissant suivant son équateur, donne naissance aux planètes dans l'ordre de leurs densités, les planètes inférieures qui sont les plus lourdes étant par conséquent formées les premières. Je citerai aussi pour mémoire le système de Robert Mayer, datant de 1848, lequel fait naître les planètes de la simple accumulation de météorites.

Corps et matière de l'espace

Notre système solaire fait partie d'une vaste nébuleuse résoluble composée d'une immense quantité de soleils : 6,000 environ sont visibles à l'œil nu, mais les lunettes qui pénètrent jusqu'à la seizième grandeur nous en révèlent 31 millions, la photographie davantage encore. La lumière qui parcourt 300,000 kilomètres par seconde, et qui met quatre heures pour aller du soleil à Neptune, met trois ans et demi pour atteindre l'étoile la plus rapprochée, α du centaure, et 3,000 ans pour parcourir la voie lactée.

Il y a donc entre le monde solaire et le monde le plus proche un espace dix mille fois plus grand que la distance du soleil à notre planète la plus éloignée. En supposant les mêmes intervalles entre les autres mondes, nous voyons que la dix-millième partie seulement de l'éther serait condensée en matière, et il y aurait encore une belle marge pour la création de mondes futurs, en supposant même que la matière actuellement en œuvre ne dût pas se dissoudre.

On reste confondu devant cette accumulation de soleils, tous pourvus de planètes, de lunes, d'habitants sans doute, à des degrés divers d'évolution dans la vie et l'intelligence, les uns mieux, les autres moins bien doués que nous, mais ayant tous un fond commun de vérités fatales.

Donc partout de l'espace, de la matière, de la vie, peut-on concevoir même un point de l'espace dépourvu de création? L'esprit tout en étant incapable de le comprendre, ne peut se résoudre à l'admettre; Arago pensait que le nombre des mondes est infini. La vérité est qu'on ne peut pas plus les imaginer finis qu'infinis. Quoi, au-delà d'une certaine limite il n'y aurait plus rien? et peut-on concevoir des mondes dont le nombre ne soit pas déterminé?

La voie lactée est une nébuleuse, et est aperçue comme telle des points les plus profondément éloignés de l'espace. William Herschell, à l'aide de son télescope, avait découvert 2,500 de ces nébuleuses, on en connaît aujourd'hui 5,000; certaines sont réductibles, c'est-à-dire composées d'étoiles que l'éloignement seul fait paraître confondues en nébulosité diffuse, mais le plus grand nombre, 4,000 environ, est irréductible, c'est-à-dire formé de matières cosmiques à divers états de condensation, vrais soleils en formation, et sur lesquels on peut suivre toutes les phases de l'évolution d'un monde solaire.

L'analyse spectrale a permis de reconnaître que les matériaux de notre monde se retrouvent dans tous les soleils parvenus à un même degré d'évolution, preuve évidente de l'identité de leur origine ; mais on ne trouve pas dans les nébuleuses tous les éléments des mondes solides, ainsi on ne trouve dans celle d'Orion que les raies caractéristiques de l'azote et de l'hydrogène, pas de raies de solides, et à cet égard, M. Faye s'exprime ainsi dans son *Origine du monde :*

« On a cru longtemps, avant l'application de l'ana-
» lyse spectrale, que les nébuleuses nous présentaient
» l'état primitif des mondes en voie de formation, à
» leur début pour ainsi dire, et qu'elles devaient
» aboutir en se condensant peu à peu à des forma-
» tions stellaires, à des mondes comme le nôtre,
» c'est-à-dire à un soleil central accompagné d'un
» cortège de planètes. Il faut renoncer à cette analo-
» logie, car il manque à ces nébuleuses une chose
» essentielle, à savoir une constitution chimique va-
» riée, des éléments susceptibles de revêtir la forme
» solide. Sans doute notre monde comme tous les
» autres a dû commencer par un amas de matériaux
» disséminés sur un vaste espace, mais ces maté-
» riaux contenaient une grande variété d'éléments
» chimiques qui manquent aux nébuleuses propre-
» ment dites. Vous voyez bien çà et là, dans cette
» nébuleuse d'Orion, des traces de concentration
» locale, mais l'analyse spectrale n'y décèle que des
» gaz, gazeuse elle est, gazeuse elle restera bien cer-

» tainement, à moins que des matériaux tout diffé-
» rents ne lui viennent de quelque autre région de
» l'espace. »

Or nous avons vu dans notre article traitant de l'unité de la matière que cette constatation était au contraire à nos yeux une preuve de l'unité, la matière variant ses combinaisons suivant le degré d'évolution des nébuleuses, et qu'il était en outre peu philosophique de penser que les divers points de l'espace, sièges de condensation, eussent une composition différente ; mais M. Faye, qui ne croît pas à cette unité, dénie à Orion la faculté de devenir un monde.

Quelques chimistes ont par contre considéré l'hydrogène que nous trouvons dans la nébuleuse d'Orion, associé à l'azote, comme la matière universelle ; M. Faye conclut d'ailleurs à tort que, même formée d'hydrogène et d'azote, Orion doive rester gazeuse, car à des températures bien supérieures à celle du zéro absolu on peut les liquéfier et même solidifier et la nature a eu à sa disposition d'autres moyens encore que nous ignorons. La vérité est sans doute que, au fur et à mesure de la condensation des nébuleuses, à la suite d'états transitoires que nous ne connaissons pas et que nous sommes incapables de reproduire, les atomes d'éther, en s'intégrant de diverses façons, ont formé les atomes des corps simples, vraies molécules de second ordre.

Nous pouvons donc légitimement considérer toutes les nébuleuses comme des mondes en voie de formation, les affinités futures se chargeant peut-être de nous créer une chimie nouvelle. Mais ce qu'il y a de remarquable dans cet amas de corps qui paraissent confondus sans ordre, c'est à côté de la complication et de la majesté des mouvements, la simplicité des causes et des moyens : comme cause, la seule loi de la gravitation, *l'attraction proportionnelle aux masses, et en raison inverse du carré des distances ;* comme moyens les ondes sphériques, la ligne droite et les sections coniques ou courbes du second degré, les plus simples de toutes, dont, par une sorte d'intuition, les géomètres grecs avaient étudié les propriétés pour la seule satisfaction de leur esprit, car c'eût été profaner la science que de lui assigner un but pratique.

Mais la gravitation est un effet et non une cause, or cette cause quelle est-elle ? Simple ou multiple ? Deux causes indépendantes devraient se heurter par quelque points et produire la confusion; l'unité seule peut engendrer l'harmonie que nous voyons régner dans le monde, il y a donc une cause unique, et cette cause nous l'avons assignée à la rotation de l'atome impondérable supposé asymétrique.

Sans doute la forme asymétrique de l'atome d'éther et des molécules subséquentes, seule susceptible de produire un mouvement hélicoïdal, ne constitue qu'une hypothèse, mais comme elle explique bien la formation de la matière, ses propriétés et la genèse de toutes les énergies : cohésion, affinité, gravitation, chaleur, etc , qui sans elle restent inexplicables.

Mais la gravitation elle-même qui n'est qu'une forme de l'énergie, est-elle autre chose qu'une hypothèse n'ayant d'autre preuve que l'universelle concordance des faits avec ses lois ?

Les corps célestes s'attirent les uns les autres. Newton, avec les ressources d'une haute mathématique qu'il avait dû créer pour son usage, n'avait pu étudier que l'action réciproque de deux corps, après lui Clairaut et de nos jours H. Poincarré ont étudié le problème des trois corps, mais pour quelques cas particuliers seulement ; or ce ne sont pas trois corps, mais cent corps qui s'attirent dans l'espace.

Les anciens croyaient que les cieux étaient incorruptibles, et offraient l'image de la stabilité ; nos moyens d'observation nous ont permis de constater au contraire qu'ils ne sont que mouvement ; notre soleil, par exemple, a été reconnu par Struve s'avancer de huit kilomètres par seconde vers la constellation d'Hercule, et, chose remarquable, l'analyse spectrale nous a permis de reconnaître si un corps céleste s'avance ou s'éloigne et de quelle quantité : ainsi le brillant Sirius s'éloigne de nous avec une vitesse de 32 kilomètres par seconde, soit que, comme pour le soleil, cette translation soit causée par une attraction, soit que plutôt elle résulte d'un mouvement datant et résultant de sa formation.

Le système solaire est formé de planètes et de satellites, mais en dehors du système solaire, dans l'espace immense qui existe entre lui et le monde le plus rapproché et que nous avons vu être égal à dix mille fois la distance du soleil à Neptune; dans les autres espaces interstellaires se sont formées d'autres agglomérations de matière cosmique, offrant tous les degrés de grandeur et de condensation, depuis la simple molécule embryonnaire qui peut rester telle, vrai protozoaire de l'espace, jusqu'aux plus puissantes étoiles en passant par les étoiles filantes et les comètes, formées de matière cosmique excessivement ténue, avec ou sans noyau, enfin les météorites.

Dans sa course vers Hercule, le système solaire rencontre de ces amas et se les incorpore; c'est ainsi que nous possédons les comètes, dont la périodicité a été reconnue pour treize seulement, mais dont le nombre est immense, car la plupart restent invisibles; Jupiter, pour sa part, en a capturé neuf.

Ce qui prouve bien que les comètes sont étrangères au système solaire, c'est qu'elles circulent dans tous les sens, et leurs orbes sont des ellipses très allongées qui nous indiquent que le soleil étend sa puissance bien au-delà de Neptune.

Les comètes dans l'espace sont sphériques comme les nébuleuses, elles ne s'allongent que sous une influence attractive; la comète de 1680 avait ses dernières particules visibles à 41 millions de lieues du noyau.

Nous rencontrons encore dans l'espace les étoiles filantes, simples flocons cosmiques qui deviennent visibles seulement par leur passage rapide aux confins de notre atmosphère et l'échauffement qui en résulte. La terre traverse, à deux époques de l'année, un vrai essaim de ces étoiles filantes faisant partie d'un vaste circuit elliptique : le 10 août, sous le nom de Perséïdes, le 15 novembre, sous celui de Léonides; en 1866-67, elle traversa la tête ou banc principal; depuis cette époque, elle ne rencontre que des retardataires, assez nombreuses encore pour être désignées sous le nom de pluie d'étoiles filantes. Ces étoiles ont un mouvement inverse de celui de la terre et parcourent 42 kilomètres à la seconde. Etant donné que de son côté la terre en parcourt 29, on voit qu'elles traversent l'atmosphère avec une vitesse de 71 kilomètres. La période de révolution de cet essaim paraît être de trentre-trois ans.

Enfin, nous trouvons encore les météorites formant les bolides, aérolithes, poussières, etc., à l'existence desquels, avant Biot, les savants refusaient de croire. Les météorites formés de roches, avec prédominance de métaux, montrent fréquemment des traces stratigraphiques, ce qui semble prouver que ce sont des fragments de corps célestes; c'est du moins l'opinion de M. Stanislas Meunier, qui attribue aux poussières météoriques un rôle considérable dans la genèse de la terre. Après avoir rappelé que l'on trouve dans l'intérieur de la terre et au fond des océans des particules semblables aux météorites célestes, ce savant conclut ainsi dans sa *Géologie comparée :*

« On peut admettre que les couches du globe ren-

» ferment des matériaux d'origine cosmique, dont la
» chûte remonte à un passé des plus reculés.

» Les météorites nous apportent des matériaux qui
» ne laissent pas de faire un volume considérable, et
» M. Dufour s'est demandé si cet apport de matières,
» en augmentant évidemment la masse totale de notre
» globe, ne contribue pas pour une part à l'accélé-
» ration séculaire du mouvement de la lune. »

La terre s'incorpore enfin des quantités de matière flottant dans l'espace, à l'état plus ou moins ténu, lorsqu'elles viennent à entrer dans sa sphère d'action. Elle continue, en un mot, quoique solide, à s'assimiler de la matière en voie de formation, comme une simple nébuleuse, et avec une bien plus grande énergie, puisqu'elle est plus condensée, partant beaucoup plus gravifique. Il en est de même de tous les corps célestes.

Création de l'énergie

Dispersion et récupération de l'énergie

Nous avons vu précédemment qu'aujourd'hui la vraie cause de la chaleur solaire, qui avait tant intrigué Laplace et les savants de son époque, est connue : c'est la condensation de la matière cosmique qui, alors qu'elle s'étendait jusqu'à Neptune, était 400 millions de fois moins dense que l'hydrogène, ou même 400 milliards, si on considère que la nébuleuse primitive s'étendait à une distance dix fois plus considérable. En tenant compte que la densité moyenne du monde solaire est environ deux fois celle de l'eau ou 20.000 fois celle de l'hydrogène, nous trouvons que la matière primitive a dû se condenser 8 trillions de fois.

Or, la vapeur d'eau se condensant de 100° gazeux à 100° liquide, diminue de 1.700 fois son volume et abandonne 536 calories, chaleur suffisante pour élever sa vapeur de 1.000°. Je ne pousse pas plus loin le calcul, il suffit que j'aie donné une idée de l'énormité des résultats; or, c'est cette chaleur qui est la cause de l'énergie dont dispose notre monde, et c'est le soleil lui-même qui l'a créée, c'est elle dont nous voyons sans cesse sous nos yeux les manifestations et les transformations, elle qui est la cause des phénomènes électriques, magnétiques, lumineux, des vents, des nuages, des pluies, des chutes d'eau, des mouvements de la surface et de l'intérieur de la terre, de tout ce qui constitue, en un mot, la vie terrestre et planétaire.

D'après nos vues, la chaleur est liée à la gravitation ; elles sont nées et disparaîtront ensemble, comme d'ailleurs la cohésion et l'affinité, et, après les avoir intimement étudiées, on reconnaît que point n'est besoin, comme le demandaient et le demandent encore la plupart des auteurs, qu'il y eût à l'origine une quantité d'énergie disponible et indestructible. La matière impondérable seule a suffi, à un état excessif de raréfaction.

La nébuleuse a donc, en se condensant, créé l'énergie terrestre par suite de la coordination des mouvements de l'atome ; puis, parvenue à un maximum où la dispersion égalait la création, elle s'est mise à décroître ; et actuellement l'énergie solaire en voie de décadence se disperse dans l'espace sous toutes ses formes, principalement celles de chaleur et de gravitation. Mais ici une question se pose à tout esprit avide de connaître les causes. Depuis combien de temps le soleil brille-t-il ? Lyell estime qu'il échauffe la terre depuis 300 millions d'années, à dater de la formation de la croûte terrestre. Tait réduit ce chiffre à 50 et Helmholtz et Thomson à 20 millions. Combien de temps brillera-t-il encore avant de s'éteindre, et ce moment lui-même n'est-il pas retardé par une contribution quelconque de matériaux cosmiques venant de l'extérieur ?

Stanislas Meunier attribue à la chûte des météorites sur le soleil un effet calorifique sensible. N'y aurait-il pas une autre cause d'entretien de la chaleur que nous avons déjà indiquée ?

En traitant de la formation des nébuleuses, nous avons dit qu'elles s'accroissaient de proche en proche par l'adjonction de nouvelles particules d'éther, lesquelles devenant pourvues d'un mouvement de rotation stable, passaient de ce fait de l'état impondérable à l'état pondérable. Mais pendant tout le temps de l'existence d'un corps céleste, cette contribution ne s'est-elle pas poursuivie, et chaque fois que dans la zone d'attraction d'un corps un atome éthéré a rempli les conditions précédentes, ne s'est-il pas joint au corps attirant en augmentant sa masse et sa chaleur? Si oui, le soleil peut continuer à recevoir, de ce chef, un supplément d'énergie qui retardera sa mort. Et il est probable, en effet, que les causes qui ont produit l'accroissement d'une nébuleuse se sont continuées pendant toutes les phases de l'existence du monde stellaire.

Cependant, par défaut ou insuffisance d'aliments, l'énergie finira par disparaître. Un ressort, quel qu'il soit, qui n'est pas remonté, s'arrête; déjà les planètes et les satellites sont éteints, le soleil s'éteindra à son tour. Mais encore, que devient cette énergie qu'il disperse sans cesse sous forme de chaleur et de gravitation, de vibrations et de rotations; car sur 67 millions de rayons, les corps du monde solaire n'en reçoivent qu'un seul? Les physiciens sont muets à cet égard; sans doute une partie va échauffer les nombreux amas de matière cosmique dispersés dans l'espace, mais il faut chercher autre chose.

Je rappelle qu'en traitant de la viscosité, nous avons démontré que l'eau et l'air lui-même, quoique doués d'une grande élasticité, étaient visqueux, c'est-à-dire transformaient en chaleur une partie du mouvement reçu, et c'est par cette propriété que l'on explique que les ondes sonores finissent par s'éteindre.

Nous avons admis, avec Arago et la plupart des savants, que l'éther lui aussi devait être doué d'une certaine viscosité. D'abord, nous fondant sur le retard éprouvé par la comète d'Encke, puis sur la nécessité d'un emmagasinement de l'énergie par les ondes éthérées entre sa transmission et sa réception, enfin sur la résistance qu'il oppose à l'électricité sous la forme de self-induction.

Les ondulations de l'éther finissent donc par s'éteindre et la force vive ou énergie qu'elles transportent se transforme non en chaleur, car chaleur implique vibration des molécules, conséquence de la pondérabilité, mais sous forme de rotations des atomes de l'éther. Ces rotations, d'après ce que nous avons expliqué dans l'élasticité des gaz, nous savons qu'elles ont pour effet d'imprimer aux atomes, en vertu de leur forme asymétrique, des mouvements de propulsion très rapides, qui constituent l'énergie impondérée ou l'élasticité de l'éther.

C'est là l'hypothèse la plus vraisemblable, car sans sortir de la rigueur des lois physiques, elle ferme complètement le cycle d'un monde ; rien ne s'est perdu de ce qui s'était en apparence créé. Comme d'ailleurs il est nécessaire d'être absolument précis, je reprendrai la fin de ce sujet au chapitre suivant, où elle sera mieux à sa place.

Vie et fin d'un monde solaire

Le monde solaire, qui a eu un commencement, aura une fin; mais il est intéressant, avant de tirer la conclusion des pages précédentes, de connaître l'opinion des savants sur la façon dont le monde pourra se dissoudre. Laplace, dans sa théorie cosmogonique, ne soulève pas cette question, et dans ses *Hypothèses cosmogoniques*, Wolf expose ainsi les idées de Kant, après un préambule qui lui appartient en propre :

« Aux yeux du philosophe, la durée éternelle des
» êtres matériels qui ont eu un commencement est
» un non sens : tout naît, vit et meurt. Les astres se
» sont formés au dépens du chaos primitif, pendant
» un temps ils forment des systèmes animés de
» mouvements réguliers, mais pour eux, comme pour
» les êtres qui vivent à leur surface, vient le jour
» de la destruction et de la mort; Newton, Buffon,
» Kant ont tous énoncé ces idées de la destruction
» finale et complète des systèmes qui composent
» l'univers, et ce dernier, en particulier, a consacré

» à l'exposition de la fin des mondes de magnifiques » pages dans le septième chapitre de la deuxième » partie de la *Théorie générale de l'univers.* »

Et voici les paroles de Kant :

« Lorsqu'un système de mondes a épuisé dans » sa longue durée toute la série des transformations » que sa constitution peut embrasser, quand il est » devenu ainsi un membre superflu dans la chaîne » des êtres, rien n'est plus naturel que de lui faire » jouer dans le spectacle des métamorphoses inces- » santes de l'univers, le dernier rôle qui appartient » à toute chose finie, il n'a plus qu'à payer son tribut » à la mort..............................

....

» ...Mais que devient la matière des mondes » ainsi détruits ? N'est-il pas permis de croire que la » nature qui a pu une première fois faire sortir du » chaos l'ordonnance régulière de systèmes si habi- » lement construits peut bien de nouveau renaître » aussi aisément du second chaos et régénérer de » nouvelles combinaisons..........................

....

» ...Après que, par l'abolition des mouvements, les » planètes et les comètes se seront précipitées en » masse sur le soleil, l'incandescence de cet astre » recevra un accroissement prodigieux du mélange » de ces masses si nombreuses et si grandes, ce feu » ainsi remis en une effroyable activité par ce nouvel » aliment, non-seulement résoudra de nouveau toute

» la matière en ses derniers éléments, mais la dila-
» tera et la dispersera avec une puissance d'expan-
» sion proportionnée à sa chaleur et avec une vitesse
» que n'affaiblira aucune résistance du milieu, dans
» le même espace immense qu'elle avait occupé
» avant la première construction de la nature; puis
» après que la vivacité du feu central se sera calmée
» par cette diffusion de la matière incandescente, la
» matière recommencera, par l'action réunie de
» l'attraction et de la force de répulsion, avec la
» même régularité, les anciennes créations et les
» mouvements systématiques alternatifs, et ainsi se
» reformera un nouveau monde. »

Voici maintenant les idées exposées par M. Faye dans son ouvrage, *Origine et fin du monde* :

« La fin du monde est encore une notion toute
» moderne, ce n'est pas que le système solaire doive
» se dissoudre, se disloquer ou finir par s'englober
» tout entier dans la masse centrale. Laplace a
» montré que cet admirable mécanisme est fait pour
» durer indéfiniment, toutes les conditions de stabilité
» mécanique s'y trouvant réunies, et n'oublions pas
» de rappeler en passant que ces conditions là
» tiennent aux particularités propres au lambeau
» chaotique d'où il est sorti; mais le monde pour
» durer ne dépense pas d'énergie, tandis que le soleil
» pour durer en dépense énormément, et comme sa
» provision est limitée et ne saurait se renouveler,
» nous devons envisager, non comme prochaine

» assurément mais comme inévitable, la mort de ce » soleil en tant que soleil. Après avoir duré d'un » éclat sans pareil pendant des milliers d'années » encore, il finira par faiblir et s'éteindre comme » une lampe dont l'huile s'est épuisée..................

....

» Quant au système lui-même, les planètes obscures » et froides continueront à circuler autour du soleil » éteint ; sauf ces représentants derniers du tourbillon » primitif de la nébuleuse, que rien ne saurait effacer, » notre monde aura dépensé toute l'énergie de posi- » tion que la main de Dieu avait accumulée dans le » chaos primitif ».

Pour Stanislas Meunier :

« De même que la mort et la décomposition » appartiennent à la physiologie des êtres vivants, » de même la réduction en fragments des astres par- » venus au terme de l'évolution sidérale doit appar- » tenir à la physiologie cosmique ; c'est, influencés par » cette idée préconçue, que nous pouvons constater » qu'en effet l'exercice des fonctions normales sur » les corps planétaires se traduit chez tous, quoique » à des degrés divers, par une tendance indiscutable » à la réduction spontanée du noyau solide en » fragments distincts. »

M. de Freycinet, dans sa *Philosophie*, n'émet aucune hypothèse, et se borne à se demander où va l'énergie dispersée par le soleil ? qu'est-ce qui arrêtera le monde dans son déclin ? d'où viendra la force qui mettra obstacle à la déperdition d'énergie? et il conclut en disant que la science est impuissante à répondre à ces diverses questions, et que par conséquent le dénouement est l'épuisement fatal.

Mais exposons encore pour finir les idées de Camille Flammarion, l'astronome si heureusement doublé d'un littérateur qui a tant contribué à la vulgarisation des choses de l'astronomie ; lui non plus, hélas ! n'imagine comme moyen de rénovation des mondes que des cataclysmes, que des chocs de soleils ou de planètes, des explosions, etc. Il commence par admettre la nécessité d'une résurrection, car il n'est pas, dit-il, admissible que la création puisse un jour s'arrêter faute d'éléments.

« Mais par quel procédé naturel, dit-il dans son » *Astronomie populaire,* les mondes morts peuvent- » ils redevenir vivants? Quand notre soleil sera » éteint, comment rentrera-t-il dans la circulation de » la vie universelle?

» L'étude de la constitution de l'univers qui ne fait » que commencer permet déjà de formuler deux ré- » ponses à cette question, et il est bien probable que » la nature, qui livre si difficilement ses secrets, en » tient d'autres encore meilleurs en réserve pour la » science des siècles futurs.

» Deux globes morts peuvent revivre et recom- » mencer une ère nouvelle en se réunissant en vertu » des simples lois de la pesanteur, lors donc que notre » soleil sera éteint et roulera, globe obscur, à travers

» l'espace, il pourra, nouveau phénix, ressusciter de
» ses cendres, par la rencontre d'un autre soleil
» éteint, et rallumer ainsi le flambeau de la vie pour
» de nouvelles terres que les lois de la gravitation
» détacheront de la nébuleuse ainsi formée, comme
» elles ont détaché notre terre actuelle et ses sœurs
» de la nébuleuse à laquelle nous appartenons........

» Mais nous pouvons en même temps concevoir un
» autre procédé de destruction et de résurrection,
» dont les aérolithes, les étoiles filantes et les comè-
» tes seraient un témoignage. Si la terre vit un assez
» grand nombre de siècles, il est possible qu'elle
» tombe elle-même dans le soleil, y produisant une
» chaleur immense. »

Cette dernière théorie est aussi celle de Tyndall, mais toutes ces chutes finiront par avoir une fin et il arrivera un moment où il ne restera plus qu'un seul soleil, d'ailleurs, à chaque résurrection, une portion de l'énergie primitive aura disparu ; car que devient celle qui est dispersée par chaque soleil dans l'espace ?

L'exposé de ces diverses doctrines nous amène à constater que les idées de Faye, quoique bien plus modernes que celles de Kant, sont philosophiquement bien plus arriérées et bien plus décevantes ; Lagrange, Laplace et Poisson ont bien démontré en effet que le système solaire est indestructible ; mais ils supposent que la gravitation qui les régit restera invariable, et c'est chose surprenante de voir ces grands physiciens admettre que la gravitation ne s'éteindra jamais. M. Faye, adoptant cette idée d'éternelle fixité et la poussant à ses dernières conséquences, prédit que le monde qui est né et a vécu, roulera indéfiniment refroidi et sans espoir de résurrection.

Kant, bien plus rassurant sur l'avenir des corps célestes, admet qu'ils seront ressuscités par leurs propres forces, et que la gravitation cessant, les corps célestes tomberont les uns sur les autres et engendreront une énorme chaleur, origine d'une nouvelle nébuleuse. On voit que Kant adopte ici l'opinion reconnue fausse d'une nébuleuse originairement très chaude, et dont la condensation aurait été due au refroidissement. Nous savons que c'est tout le contraire qui s'est produit, la chaleur s'est développée par la contraction. Mais une objection saute tout d'abord à l'esprit concernant la chûte des corps célestes les uns sur les autres, c'est que si les mouvements s'éteignent, ils le feront progressivement, ce qui exclut toute possibilité de chûte capable de provoquer une énergie considérable.

Ce qui ressort des deux systèmes précédents, de Kant, de Meunier et de Flammarion, c'est surtout le désir de provoquer une énergie considérable en faisant appel aux énergies existantes, d'où la chûte des corps l'un sur l'autre. Mais ces hypothèses ne peuvent satisfaire l'esprit. Je me permettrai donc à mon tour une conjecture qui n'est que le corollaire et la conséquence ultime de mon hypothèse : sa simplicité tout au moins plaidera en sa faveur. L'intuition et la raison nous avertissent d'ailleurs que c'est dans l'évolution de la simple molécule qu'il faut chercher le secret du monde, aussi bien de sa formation que de sa fin ; voici donc notre théorie :

Les atomes d'éther ont formé une nébuleuse par suite de la régularisation de leurs mouvements désordonnés, ils se mouvaient en tous sens, ils se sont coordonnés, et la pondérabilité a été la première manifestation de l'énergie. Les mouvements de progression des atomes se sont donc transformés en mouvements de rotation fixes, donnant lieu à l'affinité entre atomes, à la cohésion entre molécules, à la gravitation entre grandes masses, enfin à la chaleur.

L'énergie pour naître n'a pas dû créer le mouvement ; il a suffi qu'elle le domestiquât ; l'énergie a toujours existé, elle s'est seulement transformée : d'impondérable, si je puis ainsi parler, elle est simplement devenue pondérable comme la matière.

Donc voici notre monde solaire constitué et arrivé à son maximum d'énergie ; que va-t-il désormais se produire ? Ne recevant plus de nouveaux apports, du moins en quantité suffisante, les mouvements moléculaires vont décroître, les rotations et vibrations commencer à s'éteindre, et lorsque toute l'énergie solaire se sera enfin dissipée, l'atome d'éther sera redevenu ce qu'il était à l'origine, libre et incoordonné ; l'énergie n'aura pas disparu, pas plus qu'elle n'avait été créée, mais de pondérable, elle sera devenue impondérable, par suite intangible et insensible.

Cette dispersion d'énergie sera assurément fort lente, car les mouvements de la molécule ne seront contrariés que par la résistance infiniment faible de l'éther, et ils se poursuivraient indéfiniment si cette résistance faisait défaut, mais alors la matière elle-même n'aurait pu naître, puisque c'est le point d'appui de l'éther qui a permis l'affinité et la cohésion.

Ainsi donc la cause qui a produit la vie, est celle qui produit la mort.

En même temps que la température s'abaisse, les masses s'affaiblissent, et c'est pourquoi d'ailleurs les planètes supérieures ont, eu égard à leurs volumes, des masses bien inférieures à celles de la terre, et la surface de cette dernière elle-même, une masse bien inférieure à celle de son intérieur.

La même remarque pourrait s'appliquer au soleil; mais ce dernier est encore en grande partie gazeux, ce qui exclut toute comparaison.

La masse du soleil diminuant, les planètes finiront par s'éloigner, tout en restant fidèles aux lois de la gravitation, et lorsque au voisinage du zéro absolu, les planètes circuleront presque complètement détachées de l'astre central, elles n'existeront plus elles-mêmes qu'à l'état de vestiges. car la dissociation aura fait son œuvre : chaleur, gravitation, cohésion, affinité auront disparu ensemble, et les atomes désagrégés seront allés, en commençant par la surface (car l'intérieur sera resté plus chaud et plus gravifique), regagner un à un l'espace à l'état impondérable, dépourvus de mouvement. Mais aussitôt rentrés dans l'éther ambiant, ils se mettront, par les collisions dont ils seront l'objet, en harmonie avec leur nouveau milieu.

Toute l'énergie créée par la condensation pendant la vie de la nébuleuse, et provenant des mouvements moléculaires primordiaux de l'atome, aura été dispersée sous forme de rotation aux atomes éthérés de l'espace infini ; sauvages ils étaient à l'origine, sauvages ils redeviendront, après avoir été dans l'intervalle asservis et avoir comme tels contribué à créer la matière et l'énergie pondérables.

La matière, après avoir parcouru un circulus complet dans un temps incommensurable mesuré à nos propres moyens, revient ainsi à son point de départ, prête à entrer en de nouvelles combinaisons ; mais longtemps avant cette dissolution, les globes rouleront obscurs dans l'espace. La cohésion et l'affinité avaient créé le monde, le monde meurt par la perte de l'affinité et de la cohésion.

Les mondes donc s'éteignent doucement comme les espèces ; les cataclysmes, la mort accidentelle ne peuvent atteindre que les individus et ne sauraient avoir d'influence sur la majesté d'une évolution.

Cette vue, dans sa simplicité, n'est-elle pas plus magnifique et plus grandiose que tous les systèmes que l'on a pu imaginer pour expliquer la dissolution d'un monde et, comme nous l'avons dit au début, il a suffi, dans tout le cours de notre exposé, de considérer deux atomes, leurs rotations coordonnées et leur forme asymétrique produisant un mouvement hélicoïdal de progression dans l'éther.

Mais la molécule est invisible ; il a donc fallu étudier d'abord un monde solaire et en transporter les résultats à l'atome et à la molécule, que la raison et la parfaite adaptation aux phénomènes sidéraux nous portent à croire constitués de même façon.

C'est là, je le veux bien, une hypothèse, mais les causes ne peuvent être dues qu'à des hypothèses ; le calcul n'intervient après que pour déduire les conséquences. La cosmogonie de Laplace et la gravitation ne sont, elles aussi, que des hypothèses plus ou moins probables. Si nous attendons d'ailleurs de voir l'atome et ses mouvements, nous risquons de ne jamais connaître l'univers.

Résumé

Commençons par résumer la vie d'un atome à partir de son état primordial d'éther sauvage jusqu'à son retour à ce même état ; aussi bien aurons-nous ainsi parcouru la vie d'un monde solaire tout entier.

L'atome d'éther était tout d'abord animé de mouvements de rotation et de progression désordonnés, ses mouvements se sont coordonnés, solidarisés et finalement transformés tout entiers en rotations et vibrations, avec quelques mouvements de progression pour l'état gazeux, qui est une première étape vers le retour à l'état initial ; ces rotations et vibrations ont créé la matière, et simultanément l'énergie.

Les mouvements primitifs étant ainsi complètement transformés, les rotations et vibrations ont commencé à décroître, puis se sont complètement éteintes ; la matière et l'énergie ont par suite disparu, et l'atome, devenu inerte et sans cohésion, a été repris par le milieu éthéré ambiant qui, par ses collisions répétées, l'a remis à son unisson, et voilà l'atome d'éther revenu à son point de départ, l'état sauvage.

Mais l'énergie perdue par l'atome primitif, et qui a été dispersée dans l'espace pendant la vie d'un monde sous forme de chaleur et de gravitation, qu'est-elle devenue ? Elle s'est retransmise à l'éther par le moyen des ondes sphériques qui ont fini par s'amortir en communiquant à leurs atomes un mouvement de rotation supplémentaire, lequel, de par la forme dissymétrique des atomes, s'est transformée en mouvements de progression ou force élastique. Dans ce circuit, rien ne s'est créé, rien ne s'est perdu. Hypothèse, sans doute ; mais ce qui fait sa vraisemblance, c'est que le mouvement atomique hélicoïdal que nous avons admis et qui est *notre principe universel du monde,* ce mouvement, dis-je, explique à merveille en passant la gravitation, l'électricité, la cohésion, l'élasticité des gaz, etc., et n'est nulle part en désaccord avec la science.

Il n'est pas possible, en suivant les étapes de la formation et du développement d'un monde, de n'être pas frappé de la similitude qui existe entre ses diverses phases et la naissance, la vie et la mort d'un être organique. Pour la mieux faire ressortir, nous résumerons simplement l'existence d'un monde solaire : ce monde provient d'une nébuleuse, et l'embryon de cette nébuleuse résulte de la conjonction de deux atomes animés de mouvements de sens contraires, comme celui d'un organisme vivant résulte de l'union de deux cellules de noms contraires. Et c'est de la coordination des mouvements de ces deux atomes que sont nées la matière et l'énergie.

Autour du premier embryon sont venus se grouper d'autres atomes ou molécules, dont les chocs de plus en plus fréquents, à mesure que se condensait la nébuleuse, ont augmenté la rotation et par suite la masse. En même temps sont venues les vibrations, conséquence des rotations, et la chaleur est née. Ainsi se sont formées et accrues de concert toutes les énergies rotatoires et vibratoires.

Or, cette organisation a fini par atteindre son point culminant, à partir duquel l'apport de nouveaux éléments étant insuffisant pour combler les pertes de l'organisme, la désassimilation a prévalu sur l'assimilation et la décadence a commencé, puis la vieillesse, lorsque l'air et l'eau, principes de toute vie, ont disparu, absorbés, comme sur la lune, par les roches qui constituent la masse de ce satellite ; peu à peu la vie donc disparaîtra et en même temps qu'elle l'énergie sous toutes ses formes, y compris celle de la gravitation ; et rien ne saurait arrêter cette décadence irrémédiable, pas plus que celle d'un vieux corps : il faut que la mort fasse son œuvre pour que puisse renaître la vie.

Mais poursuivons notre comparaison avec la vie animée; comme elle, la matière pondérable nous offre tous les degrés de grandeur, depuis le soleil immense jusqu'à l'étoile filante, simple flocon cosmique, et sans doute la simple molécule errant dans l'espace, association de deux atomes analogue à la cellule vivante, qui peut être l'origine d'un monde, mais peut aussi bien avorter dès sa naissance ou au cours de son évolution. De même qu'une portion seule de la matière qui forme les mondes participe à la vie animée, de même une portion de la matière éthérée concourt à la formation des mondes.

L'assimilation entre la vie gravifique et la vie organique se retrouve encore par delà et jusque dans la lutte même des espèces. Dans les mondes qui peuplent l'espace, en effet, les puissants subjuguent les faibles, le soleil asservit les planètes, celles-ci les satellites. Les corps plus petits enfin, comètes, étoiles filantes, amas cosmiques, viennent faire cortège à leurs puissants seigneurs, dès qu'ils entrent dans leur sphère d'action, quelques-uns mêmes sont absorbés.

La conclusion est que la matière pondérable est une sorte de matière animée d'une vraie vie, précurseur de la vie organique ; nous cherchons péniblement encore à expliquer la première, mais la seconde plus complexe échappera longtemps et peut-être toujours à la faible portée de notre esprit, car nous ne sommes nous-mêmes qu'une unité de la vie organique, et pour ce qui est des choses de l'intelligence, les dernières venues, nous cherchons en vain à les aborder.

Donc, nulle part le chaos, le désordre, les cataclysmes ; partout répandu dans l'espace l'atome impondérable en mouvement, et dès qu'il s'organise, la matière et l'énergie. Les mouvements pondérés se forment et s'organisent suivant des modes et des lois qui ne peuvent pas ne pas exister, et ce sont ces lois que nous nous sommes jusqu'ici bornés à étudier sans en rechercher ou du moins sans en trouver les causes ; puis sans secousse, le mouvement s'éteint, la matière se désorganise, telle celle d'un cadavre, et revient à l'état impondérable ; mais dans ce passage l'énergie n'a pas disparu, elle s'est transformée, les atomes impondérables d'éther restent comme devant animés de mouvements rapides de rotation et de translation, seulement ces mouvements sont redevenus incoordonnés et il faudra la formation d'une nouvelle molécule pour servir de centre à une nouvelle condensation, à une nouvelle coordination, à un nouveau monde.

Et conséquence paradoxale, c'est non l'atome proprement dit qui constitue vraiment la matière; mais le mouvement rotatoire qui l'anime ; il suffit pour s'en convaincre de considérer une comète dont la quantité de matière, quelque soit sa ténuité, est assurément considérable, puisque celle de 1744 occupait un espace de 44° dans le ciel, et cependant les comètes ont une masse insignifiante et une cohésion presque nulle. La matière est donc bien vraiment formée d'une substance immatérielle et éthérée.

Et le rôle de l'éther est bien plus considérable encore ; on peut même dire que c'est lui l'agent universel, car outre les énergies moléculaires dont il est le principe par la matière même, il concourt à la transmission de ces énergies par le moyen des ondes sphériques, dont l'importance est sans doute considérable et en partie encore ignorée.

Tout mouvement rapide de molécule produit une onde, la réunion d'une grande quantité de molécules vibrant ou tournant à l'unisson peut produire des ondes considérables, et c'est peut-être là le secret de certains problèmes psychologiques, pour lesquels il suffirait de remplacer la molécule par la cellule. Pourquoi un cerveau composé d'un grand nombre de cellules identiques, travaillant toutes à l'unisson, n'émettrait-il pas des ondes allant influencer aussi à distance et au dehors des cellules semblables ?

Lamé avait bien prévu ce rôle universel de l'éther, lorsqu'il annonçait que « *la science* future reconnaî- » trait en lui le véritable roi de la nature physique ».

Et l'on ne peut clore cette étude sans songer involontairement combien la constitution du monde est fidèlement représentée par ce calcul philosophique qu'est le calcul intégral. Leibnitz a considéré que toute quantité finie se compose de quantités infiniment petites ou différentielles de divers ordres, un infiniment petit de premier ordre est composé à son tour d'infiniment petits du second ordre, qui du troisième, etc.

L'éther serait un de ces infiniment petits de dernier ordre, dont l'agglomération ou l'intégration produirait l'atome, qui à son tour formerait la molécule, différentielle elle-même d'une planète ou d'un monde solaire, et ce dernier ne serait encore qu'un des infiniment petits composant l'univers, car il ne faut pas juger des grandeurs par nos propres facultés.

Descartes demandait, pour construire le monde, de la matière et du mouvement, l'atome impondérable nous a suffi, le mouvement vient par surcroît, car le repos n'existe pas.

TABLE DES MATIÈRES

PREMIÈRE PARTIE. — MATIÈRE

DEUXIÈME PARTIE. — ENERGIE

GRAVITATION. ATTRACTION UNIVERSELLE

TROISIÈME PARTIE. — FORMATION ET FIN D'UN MONDE

Limoges. — Imp. Vve H. Ducourtieux, 7, rue des Arènes.

www.ingramcontent.com/pod-product-compliance
Ingram Content Group UK Ltd.
Pitfield, Milton Keynes, MK11 3LW, UK
UKHW021059230726
13926UKWH00004B/1939